核反应堆热工水力基础实验

周 源 编

科 学 出 版 社

北 京

内 容 简 介

本书根据四川大学核工程与核技术专业多年热工水力实验教学经验编写. 本书首先介绍了热工分析的意义及主要内容、相似理论和模化实验、常用热工测量参数及仪表、误差与数据等与实验相关的基础背景知识；然后选编了 11 个典型的实验项目，每个实验项目又大致分为实验目的、实验内容、实验原理、实验段及测量、工况安排、实验步骤和实验数据处理几个部分，并提供相关思考题；最后，在本书附录中简要介绍了用于反应堆热工实验的实验装置.

本书可供核工程与核技术专业、物理类专业等基础实验课程使用，也可供相关专业研究生参考.

图书在版编目（CIP）数据

核反应堆热工水力基础实验 / 周源编. —北京：科学出版社，2023.3

ISBN 978-7-03-074613-9

Ⅰ. ①核… Ⅱ. ①周… Ⅲ. ①反应堆－热工水力学－实验－高等学校－教材 Ⅳ. ①TL33-33

中国国家版本馆 CIP 数据核字（2023）第 012789 号

责任编辑：罗 吉 孔晓慧 / 责任校对：杨聪敏

责任印制：张 伟 / 封面设计：迷底书装

科 学 出 版 社 出版

北京东黄城根北街 16 号

邮政编码：100717

http://www.sciencep.com

北京建宏印刷有限公司 印刷

科学出版社发行 各地新华书店经销

*

2023 年 3 月第 一 版 开本：720×1 000 1/16

2023 年 3 月第一次印刷 印张：10 1/2

字数：212 000

定价：49.00 元

（如有印装质量问题，我社负责调换）

前　言

“核反应堆热工水力基础实验”是核工程与核技术专业重要的实验课程. 作为一门综合性实验课程，本课程有助于提高学生对在工程热力学、工程流体力学、传热学、核反应堆物理、核反应堆热工分析等理论课程中所学知识的整合应用能力，有益于提升学生的工程实践能力和团队配合能力. 编者首先介绍了开展热工水力实验所需的基础背景知识，然后从热工水力教学实践中选出了 11 个典型的实验项目形成教材. 本书主要分为以下几章：

第一章绪论，介绍了热工分析的意义及主要内容，对压水堆核电站系统与设备进行了概括性描述，同时介绍了压水堆中的基本热工问题，使学生对核动力装置的整体形象及热工水力实验的研究内容有直观的认识.

第二章相似理论和模化实验，介绍了简化复杂问题和指导模型实验所用到的相似理论和量纲分析及其在热工方面的应用，使学生了解安排实验以及把模型的实验结果换算到实物上的方法.

第三章常用热工测量参数及仪表，介绍了热工过程中的常见参数以及热工参数的测量方法和所用测量仪表，使学生掌握热工参数的正确测量方法、学会合理选用并正确使用各类热工仪表.

第四章误差与数据，介绍了测量误差的基本概念、实验误差分析方法、实验数据处理和整理方法，使学生学会合理分析误差产生的原因，掌握实验数据的处理分析方法，为设计合理的实验系统打下基础.

第五章反应堆热工水力实验，包含 11 个典型的实验项目，涉及堆芯热工水力实验和系统性实验. 在正式进行实验前，学生首先学习相关理论知识，明确实验目的和实验内容，并设计实验方案、合理安排实验步骤. 在实验过程中，学生明确分工，亲自操作完成实验，然后进行数据处理，最后得出结论. 通过这部分实验，加深学生对理论知识的理解，培养学生分析问题和解决问题的能力.

在教材稿件试用期间，四川大学核工程与核技术专业学生田耕源、黄家坚、钟晓东、李俊龙、张乐瑞、刘宝坤、刘志鹏、黄杰、何颖、彭国庆、唐珑畅、赖相鹏、陈珈璐等，对教材的编写提出了修改意见，编者在此一并表达感谢.

由于编者水平有限，疏漏之处在所难免，诚恳欢迎读者批评指正.

编　者

2022 年 4 月

目　　录

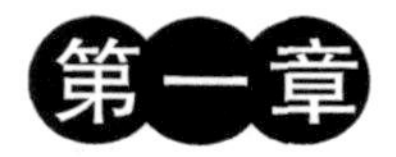

绪　论

一、热工分析的意义及主要内容

核反应堆是利用原子核可控链式裂变产生能量的装置，是核能应用的重要实现途径. 从 1942 年世界上第一座核反应堆建成，到现在全球已有 30 多个国家利用核能发电. 核能应用的过程中最重要的是安全性，要求核反应堆在整个寿期内能长期稳定运行，并能适应启动、停堆等功率变化，此外在确保核反应堆安全的基础上，要尽可能提高核反应堆的经济性，如减少燃料转载量、提高热电转换效率等.

核反应堆的安全性是靠核反应堆物理、热工、结构、材料、化学、控制等多种学科的合理设计来共同保证的，其中热工水力起着主导和桥梁作用. 核反应堆热工分析的内容主要包括分析燃料元件内的温度分布、冷却剂的流动和传热特性，预测在各种运行工况下核反应堆的热力参数，以及在各种瞬态和事故工况下压力、温度、流量等参数随时间的变化过程等. 该过程往往十分复杂，单靠理论分析无法弄清楚，需要开展必要的热工水力实验，为核反应堆工程设计和验证提供支撑.

二、压水堆

(一) 压水堆概况

压水堆是我国利用核能的主要方式，以轻水作为冷却剂和慢化剂，一回路工作压力一般在 15.5MPa 左右，冷却剂在流过堆芯时一般不出现饱和核态沸腾，堆出口冷却剂有 15～20℃的欠热度. 堆芯置于一个圆筒形压力容器内. 燃料元件呈棒状，直径约 10mm，长 3～4m，用锆合金管做包壳，内装二氧化铀芯块，若干根燃料棒排列成正方形的栅格，组成一个燃料组件，如图 1-1-1 所示. 早期每个组件中棒栅排列数目多为 14×14，后来新设计的压水堆多改用 15×15 或 17×17 的排列，同时棒径稍变细，以降低燃料棒的中心温度. 燃料组件靠上、下管座和中间的数个定位格架使燃料棒定位，定位格架沿高度每 0.4～0.5m 一个，定位格架上装有混流片，以增强冷却剂的横向交混，改善传热. 在燃料组件中，有些元件的位置用空心管(通常 25 根)来代替，它们与上、下管座和定位格架固定连接，形成组件的骨架，而燃料棒则插在定位格架中，靠弹簧片压紧，靠两端的管座定位. 有些组件的空心管用作控制棒的导向管、堆内中子通量探测管，或用来安放可燃毒物及中子源等. 控制棒组件采用棒束型结构，用银-铟-镉合金作为控制棒的吸收体，外包不锈钢包壳. 每个组件中的控制棒通过上部的指状连接头组成一束，在控制棒驱动机构的作用下同时作上下移动.

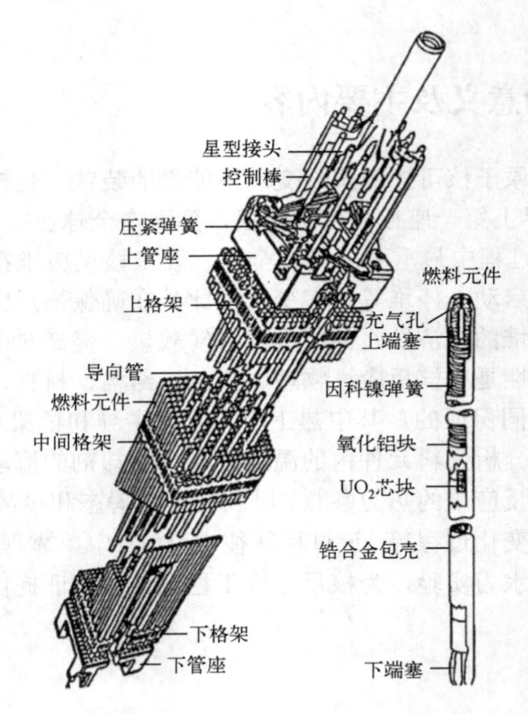

图 1-1-1　燃料组件示意图

燃料组件按照一定的布置排列在一起，并用上、下栅格板固定起来，组成一个堆芯，堆芯的横截面近似于圆形，整个堆芯安放在一个圆筒形的吊篮内，吊篮悬挂在压力容器筒体和上封头连接的法兰接合面处，吊篮下端的侧面通过径向的支承结构与压力壳的筒体相连，以防堆芯横向振动. 在堆芯与压力容器之间的环形空间中安装热屏，用以减弱来自堆芯的中子流和 γ 射线，降低压力容器筒体的中子辐照积分通量，防止材料脆化，从而延长其使用寿命.

压水堆以水作为冷却剂和慢化剂，通过两个循环回路将堆芯产生的热量输出，其循环示意图如图 1-1-2 所示. 反应堆压力容器上的冷却剂进、出口接管都布置在堆芯顶部标高以上，其目的是保证当管道破裂引起冷却剂流失时，压力容器内仍能保留一部分冷却剂来冷却堆芯. 冷却剂从进口接管经堆芯周围的环形通道流到堆芯下腔室，然后转而向上流过堆芯，带走堆芯内产生的热量. 冷却剂从出口接管流向蒸汽发生器，将热量传递给其二次侧的流体. 从蒸汽发生器出来的冷却剂通过冷却剂泵(简称主泵)升压后送回反应堆，同时二次侧的流体被加热至蒸汽，经过干燥等处理后，进入汽轮机，推动叶片做功，实现反应堆能量输出. 一座反应堆的冷却剂循环回路(简称环路)有二到四个，分别与压力容器相连.

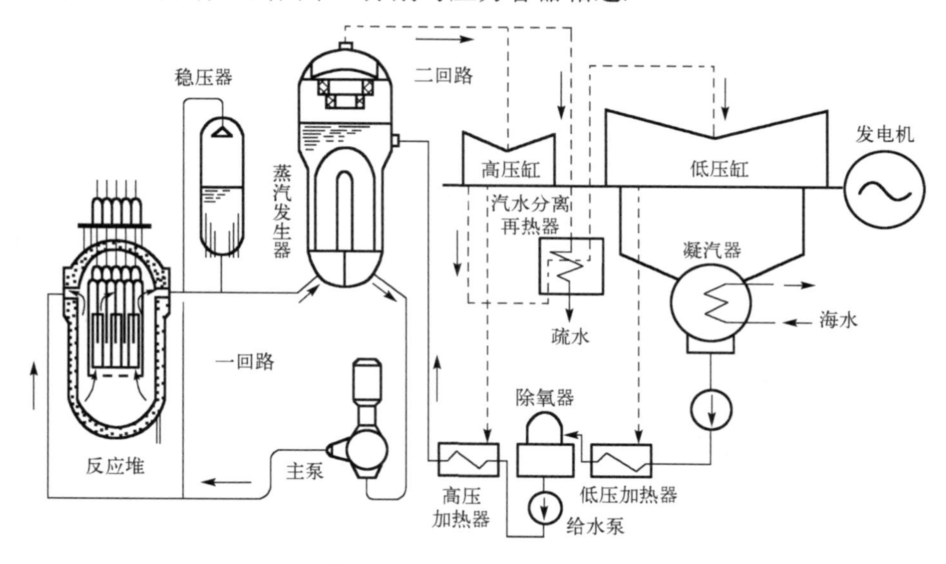

图 1-1-2 压水堆循环示意图

为了提高整个电站的循环热效率，需要提高二回路蒸汽的温度和压力，从而必须尽可能提供一回路(即冷却剂循环回路)冷却剂的温度. 压水堆是靠提高压力的办法来提高冷却剂可达到的温度上限，通常要求堆芯出口冷却剂温度要保持在 15～20 ℃的欠热度. 压水堆的运行压力通常都设计为 15.5MPa 左右. 压力再提高，对提高冷却剂温度的收益不大，而回路系统的造价却要大大提高.

反应堆冷却剂的压力是靠稳压器来建立和维持的. 稳压器如图 1-1-3 所示，是一个立式圆筒形高压容器，上部为蒸汽空间，下部为水空间，通过其下部的一根波动管连接在一条冷却剂循环回路的热管道上，即堆芯的出口管道上. 当冷却剂发生膨胀或收缩时，冷却剂可以通过波动管自由地从循环回路流入稳压器，或从稳压器返流回循环回路. 在蒸汽空间的顶部和水空间的底部分别安装有喷雾器和电加热器，用于改变水的饱和温度和饱和压力，起到维持和调节压力的作用. 稳压器的蒸汽空

间可以维持对压力波动起缓冲作用，稳压器内存储的水可以补偿回路系统内冷却剂因温度变化而引起的体积变化.

整个反应堆和一回路系统安置在一个大的混凝土安全壳内，万一冷却剂从一回路系统泄漏，它可以把放射性物质包容在安全壳以内，不会对周围环境造成污染. 压水堆安全壳的形状多为具有拱形顶盖的圆筒形建筑，如图 1-1-4 所示.

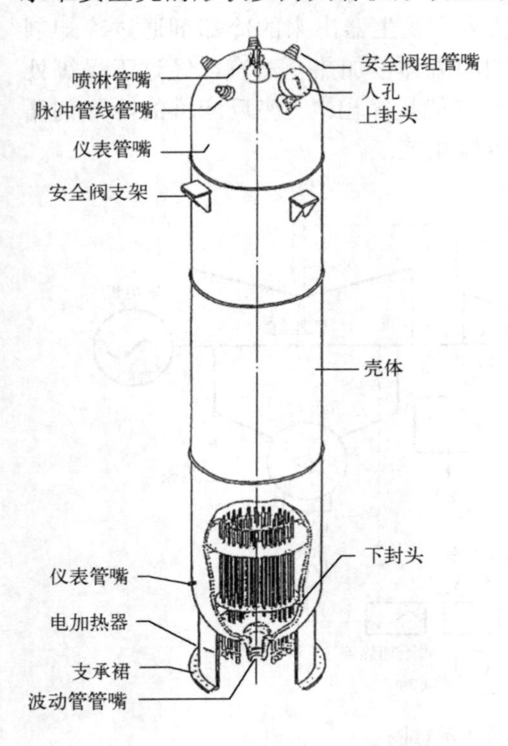

图 1-1-3　稳压器示意图

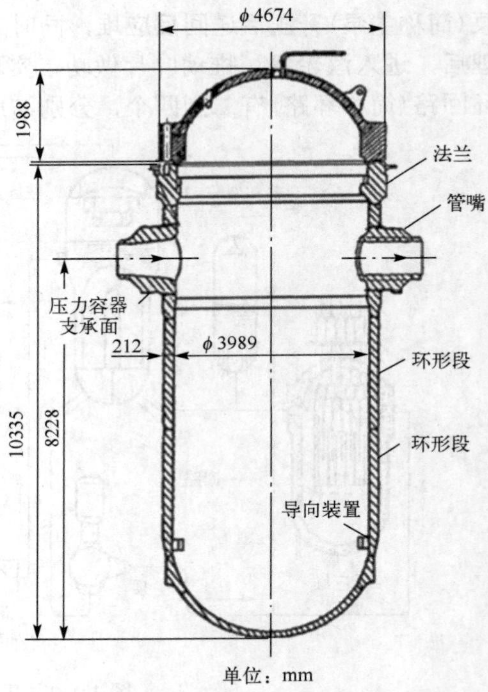

图 1-1-4　压力容器示意图

(二) 压水堆中基本热工问题

1. 反应堆热量传递

自然界中，热量传递的基本方式有热传导、热对流、热辐射三种，在压水堆中，反应堆裂变产生的大部分能量，以热量的形式沉积在燃料棒内，要将该能量导出，主要用到热传导和热对流两种方式.

热传导主要发生在固体和不流动的气体中，如热量从燃料棒传递到包壳表面、从蒸汽发生器管壁一侧传到另一侧等.

热对流主要发生在流固表面，如冷却剂流过燃料棒表面、冷却剂流过蒸汽发生器表面等，当对流发生在由风机、水泵等外加驱动力驱动时，称之为强迫对流换热.

2．单相流动传热

对单相流动传热进行分析，是设计者判断反应堆能否正常运行的重要途径. 单相流动传热分析研究的主要内容在于流体的压降和传热性能，前者直接决定泵的循环功率，后者决定反应堆中的热量能否被有效带出.

正常工况下，冷却剂主要以单相对流换热的方式带走堆芯热量. 为提高蒸汽发生器传热效率，希望一回路温度尽可能高，但要防止冷却剂全部沸腾引起传热恶化，故一回路工作在高压环境下. 在冷却剂循环过程中，摩擦压降、局部压降等因素会引起压力损失，要保证反应堆稳定有序地运行，就需要驱动泵对冷却剂做功，对压力进行补充，驱动泵对冷却剂的压力补充等于冷却剂在回路中的压降损失，保证反应堆稳定地运行.

同时，在反应堆运行中，要避免燃料包壳、芯块等材料温度高于熔点，但这些部位的温度难以测量，所以进行反应堆设计时，就需要通过对冷却剂的换热性能进行分析，使用傅里叶导热公式、牛顿冷却公式等反推燃料包壳、芯块温度，并判断其是否合理.

3．两相流动传热

在一些特殊情况(如泡核沸腾)或事故工况下，压水堆中就会产生两相流. 一方面，两相流产生过程中相变吸热与流动扰动有利于强化反应堆传热；另一方面，气相的传热性能远不及液相，高含汽情况会发生传热恶化. 两种效应的综合作用会明显改变冷却剂的传热性能和流动特性，伴随相变所生成的气泡还会减弱冷却剂(兼作慢化剂)的慢化能力. 因此，研究两相流对水冷反应堆系统的设计和运行，以及弄清反应堆的稳态和瞬态特性是非常重要的. 熟悉和掌握两相流的变化规律和计算方法，可以使反应堆系统具有良好的热工和流体动力学特性.

4．临界热流密度

流动沸腾的传热模式与质量流速、流体性质、系统几何特性、热流密度及其分布特征等因素有关，图 1-1-5(a)给出流动沸腾在较低热流密度均匀加热管内竖直向上流动传热的流动和传热分区. 在环状流动中，液膜中断或蒸干导致壁温跃升的现象称为(烧干)沸腾临界.

图 1-1-5(b)给出高热流密度均匀加热管内流动和传热分区的情况. 在泡核沸腾中，壁面生成的气泡来不及扩散到主流中而形成汽膜，导致壁温跃升的现象称为偏离泡核沸腾临界.

5．自然循环

自然循环是指在闭合回路段依靠热段(上行段)和冷段(下行段)中的流体密度差所产生的驱动压头产生的循环. 对反应堆系统来说，当冷却剂在堆芯被加热后，由于热胀冷缩，其密度减小，高位的蒸汽发生器一次侧流体密度比较大，在密度差的作用下，产生自然循环驱动力，在驱动力作用下，堆芯冷却剂向上流动，携带堆芯产生的热量进入蒸汽发生器，通过与外界进行热量交换，又流回堆芯，形成循环.

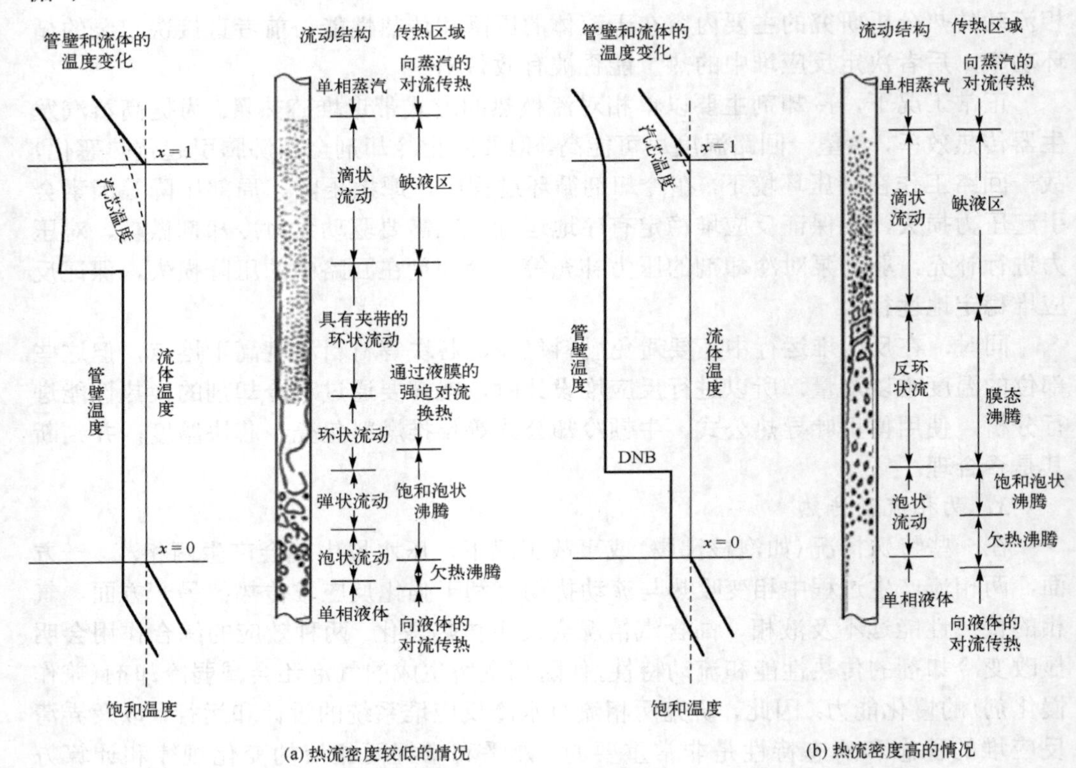

图 1-1-5　流动沸腾传热区域示意图

自然循环在密度差产生的驱动力作用下形成，只要反应堆堆芯结构和管道设计得足够合理，就能驱动冷却剂在回路中循环，在不需要外界提供动力的条件下，带出堆内产生的热量. 自然循环可用于反应堆正常工况或事故工况下，大大提高反应堆运行的可靠性和安全性.

6. 临界流

任一流动系统的放空速率取决于从出口(或破口)处流出的速率. 当流体自系统中流出的速率不再受到下游压力下降的影响时，这种流动就叫临界流. 流体中压力变化产生的影响以声速传播. 当形成临界流时，出口流体的速度(也叫作临界流速)等于该处温度和压力下的声速，下游的扰动，恰好不能传播到上游，即恰好不对上游产生影响. 在反应堆系统中，临界流常发生在通道断裂的破口处，破口处的临界流量决定了冷却剂丧失的速度和一回路卸压的速度，其大小不仅直接影响到堆芯的冷却能力，而且还决定各种安全和应急系统开始工作的时间，故临界流的研究对反应堆的安全性十分重要.

7. 流动不稳定性

在加热流体中，若流体发生相变，即出现两相流，流体以非均匀的形态带来的体积变化可能导致流动的不稳定性. 流动不稳定性，是指在一个质量流密度、压降和空泡之间存在着耦合的两相系统中，流体受到一个微小扰动后所产生的流量漂移或者以某一个频率的恒定振幅或变振幅进行的流量振荡、漂移或反流的现象. 这种现象和机械系统中的振动很相似，质量流密度、压降和空泡可以分别看作机械系统中的质量、激发力和弹簧，在这中间，质量流密度和压降之间的关系起着重要作用. 若堆芯和蒸汽发生器处发生流动不稳定性，可能引起部件的疲劳损坏或热疲劳破坏，使系统的传热性能变化，干扰控制系统等，故要尽可能避免流动不稳定性的发生.

参考文献

广东核电培训中心. 2005. 900 MW 压水堆核电站系统与设备(上册)[M]. 北京：原子能出版社.

于平安，朱瑞安，喻真烷，等. 2002. 核反应堆热工分析[M]. 3 版. 上海：上海交通大学出版社.

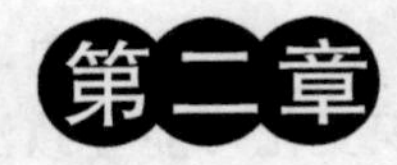

相似理论和模化实验

为了研究热工过程的一些基本规律，如湿度分布、速度分布和流动阻力特性等，需要在实际的热工设备中进行实验研究. 但是由于经济上和技术上的限制，对实物进行实验通常是行不通的，因此绝大部分的研究和测试是在实验室中通过模型实现的. 例如航空工程中的飞机模型、热工过程中的炉子模型、水利工程中的水坝模型等都是模拟实物实验研究成功的例子. 对于模型的实验研究，必须解决如何制造模型，如何安排实验，以及如何把模型的实验结果换算到实物上去等一系列的问题.

在热工理论研究的范围内，实际存在的流动和传热过程称为原型，在实验室内进行重演或预演的流动和传热过程称为模型. 通常我们希望在模型上进行实验所得到的结果能够准确地预测实物(原型)上所发生的过程和各个物理量的变化. 这样将大大节省人力、物力和时间，而且在实验室中进行实验、控制和测试都比较容易实现. 下面介绍的相似理论是考虑实验方案、设计模型、组织实验，以及整理实验数据和把实验结果推广到原型上去的理论依据.

第一节　相似理论的产生

实验研究方法是针对自然界和工程中各种复杂、耦合的物理现象，借助各种测试元件、仪表和设备，来研究其规律的一种基本的科学方法. 它的特点是:

(1) 可以直接、真实地反映客观物理过程，提供第一手定性和定量的测量数据，并且具有新发现的可能.

(2) 可以人工控制影响客观物理现象的一些因素，将一切次要因素采取简化措施，使复杂问题变得简单.

(3) 由实验方法探索的规律具有一定的近似程度和局限性. 因为在一定的技术条件和研究水平上，用各种元件和设备进行实验势必存在着各种误差，而且观察和

实验过程要受到各种条件的限制，只能在一定的参数范围内进行，由此所得到的规律不可能很精确地反映客观事物本质及其全部面貌.

理论分析方法是建立在实验结果之后的行为，在一定程度上了解了客观事物的本质，提出一些假设，构造出物理模型，然后用数学工具将物理模型转化为数学模型，建立起各种物理量之间的关联方程式. 例如，质量守恒方程、动量守恒方程、组分守恒方程和能量守恒方程. 将这些方程给定单值条件，就可以得到解决自然界和工程中实际问题的理论依据，其结果具有普遍性和预测性，这是实验方法所不及的. 同时由于理论研究方法主要是通过理论推导、计算的手段，所以其研究成本远远不及实验方法，而且它不需要实验设备的设计、制造、安装、调试、维护和繁杂的测量过程，使研究周期大为缩短. 另外，理论研究方法能够提供全部的信息资料，不干扰和破坏客观事物的本相，也不受测量条件的限制.

当然，这些是在所建立的数学模型总体上能够反映客观事物的前提下才成立的，否则不论数学推导多么严密，计算结果如何精确，都是错误的.

即便如此，理论研究方法还有它的不足之处. 比如建立符合物理模型的数学模型的过程就具有一定的难度，要想得到方程的解必须做出许多假设，往往有些假设很牵强，与实际并不相符. 因此所得出的结果只能近似地反映客观事物及内在规律. 最后，这种结果还要拿到实践中去比较，确定其可信赖和可应用的程度，并加以修正完善.

基于上述两种研究方法的利弊所在，人们便创造了兼有两者优点的所谓相似理论的研究方法. 相似理论把描述客观现象的微分方程用实验环节来求解，既排除了数学方法的困难，又提出了研究结果的普遍应用价值.

相似理论萌生于 360 多年以前，从 17 世纪到 18 世纪仅有几位科学家提出相似的概念，如米哈伊洛夫、伽利略、牛顿；19 世纪 20 年代，傅里叶提出了个别条件下的相似问题. 直到 19 世纪中叶(1848 年)，相似第一定理才诞生，法国科学家伯特朗在分析力学方程之后阐明了相似现象的基本性质，即相似现象的对应点的同名相似特征数值相等.

相似第一定理激发了许多科学家的灵感. 19 世纪末，雷诺应用它研究水等各种流体在通道内流动时的流动阻力，整理成相似准则 *Re* 对管道流动的影响规律. 20 世纪初，空气动力学家茹科夫斯基将气体力学相似实验结果用于航空航天飞机，紧接着努塞特用相似理论研究了换热过程.

1911 年，费德尔曼提出了相似第二定理，即微分方程的积分结果可以用相似准则之间的函数关系来表示. 1914 年美国学者白金汉推出了在特定条件下的量纲分析 π 定理. 所以相似第二定理也称 π 定理.

相似第一定理和相似第二定理确立了相似现象所具有的性质，但是还没有确定出任何两个现象相似的原则. 17 年以后苏联学者基尔比乔夫和古赫曼推出了相似第三定理，并得到了包括基尔比乔夫在内的多人证明.

至此，相似理论形成了完整的学科，得到了广泛的应用.

第二节　相似的基本概念

一、几何相似

几何相似可以分为两种情况：一种是线性几何相似群，例如，所有的圆球、椭圆都属于一个线性几何相似群；所有的直角平行六面体，包括所有的书、火柴盒、鞋盒也都属于一个线性几何相似群. 另一种称为几何相似群，它是指按照同一比例放大或者缩小了的几何相似体.

在相似理论中，往往把以上两种相似群分别放入某一坐标系中来考虑，称为线性几何相似域或几何相似域的几何相似现象. 在很多情况下，相似理论研究的是几何相似域内的物理现象. 严格地说，几何相似群要比线性几何相似群的约束条件多.

几何相似的概念可以推广到任何一种物理现象. 例如，两种流体运动之间的相似，称为运动相似；温度场或热流之间的相似可以称为热相似.

二、物理量相似

所谓物理量相似，一般是指在几何相似群(或线性几何相似群)中的各物理参数成比例. 这个概念是针对稳定场而言的. 对于非稳定场，要引入相似时间段.

三、现象相似

现象相似也可以按照两种情况来讨论，一种是同类现象，另一种是异类现象. 就同类现象而言，现象相似至少要发生在线性几何相似域，而且各同名物理量呈某种比例或者说存在线性变换的现象，即如果形式相同的完整方程组所包含的各变量可以相似变换，则这些方程组所确定的性质相同，称为同类相似现象. 例如，各种流体动力学过程可以用连续性方程和纳维-斯托克斯(Navier-Stokes)方程(又称运动方程)来描述. 流体对流换热过程可以用上述两个方程，以及导热微分方程和边界换热方程来描述. 这些方程组适用于该类现象的普遍情况.

下面通过热工过程中两个典型的现象来分析现象相似的条件. 首先研究流体流动的速度场，根据速度的定义，流体的流动速度可以表示为流体质点在 $\mathrm{d}\tau$ 时间内所经历的路程 $\mathrm{d}l$ 与 $\mathrm{d}\tau$ 的比值，即

$$u=\frac{\mathrm{d}l}{\mathrm{d}\tau} \tag{2-2-1}$$

对于两个相似的速度场，必然有

$$u_1=\frac{\mathrm{d}l_1}{\mathrm{d}\tau_1},\quad u_2=\frac{\mathrm{d}l_2}{\mathrm{d}\tau_2} \tag{2-2-2}$$

根据相似现象的定义，对应物理量互成比例，则

$$\frac{u_2}{u_1}=C_u,\quad \frac{l_2}{l_1}=C_l,\quad \frac{\tau_2}{\tau_1}=C_\tau \tag{2-2-3}$$

将式(2-2-2)代入式(2-2-3)，得

$$C_u u_1=\frac{C_l}{C_\tau}\frac{\mathrm{d}l_1}{\mathrm{d}\tau_1} \tag{2-2-4}$$

$$u_1=\frac{C_l}{C_\tau C_u}\frac{\mathrm{d}l_1}{\mathrm{d}\tau_1} \tag{2-2-5}$$

比较式(2-2-5)和式(2-2-2)，显然有

$$\frac{C_\tau C_u}{C_l}=1$$

或者写成

$$\frac{u_1\tau_1}{l_1}=\frac{u_2\tau_2}{l_2}=\frac{u\tau}{l}=\text{常数} \tag{2-2-6}$$

这就是两个相似温度场的特征.

又如，对边界上的换热问题，边界上的换热微分方程为

$$h\Delta T=-\lambda\frac{\mathrm{d}T}{\mathrm{d}x} \tag{2-2-7}$$

式中，h 为流体和界面之间的换热系数；ΔT 为边界上某点的温度与流体温度之差；λ 为流体的导热系数.

对于两个相似的一维换热体系，可以写出

$$h_1\Delta T_1=-\lambda_1\frac{\mathrm{d}T_1}{\mathrm{d}x_1},\quad h_2\Delta T_2=-\lambda_2\frac{\mathrm{d}T_2}{\mathrm{d}x_2} \tag{2-2-8}$$

各对应物理量之间互相成比例，则

$$\frac{h_2}{h_1}=C_h,\quad \frac{\lambda_2}{\lambda_1}=C_\lambda,\quad \frac{T_2}{T_1}=C_T,\quad \frac{x_2}{x_1}=C_x \tag{2-2-9}$$

将式(2-2-9)代入式(2-2-8)，可得

$$h_1 = \frac{-C_\lambda}{C_x C_h} \frac{\lambda_1}{\Delta T_1} \frac{\mathrm{d}T_1}{\mathrm{d}x_1} \tag{2-2-10}$$

比较式(2-2-8)和式(2-2-10)，可知

$$\frac{C_h C_x}{C_\lambda} = 1 \tag{2-2-11}$$

或者

$$\frac{h_1 x_1}{\lambda_1} = \frac{h_2 x_2}{\lambda_2} = \frac{hx}{\lambda} = \text{常数} \tag{2-2-12}$$

这就是两个边界上换热现象相似的特征.

这两个例子中出现的常数$\frac{u\tau}{l}$和$\frac{hx}{\lambda}$称为相似准则，其中，称$\frac{u\tau}{l}$为均时性特征数，为不稳定流动过程中流体的速度场随时间变化情况的相似程度；$\frac{hx}{\lambda}$为努塞特数，它表示流体与壁面之间对流换热热流与流体在壁面上导热热流之比，它们都是无量纲的.

所以，相似准则是由若干物理量构成的无量纲数群，可以反映一个物理过程的基本特征. 相似准则在相似理论中具有重要意义，对于可以用微分方程来描述的各种物理现象，它们的相似准则可以用微分方程式来导出，此时，只要将描述某一物理现象的基本方程组及全部单值性条件通过方程组中各物理量的相似倍数，转换为另一相似物理现象的基本方程组及相应的单值性条件，就可以得到若干个相似准则. 对于那些尚无法用微分方程式来描述的物理现象，可以通过量纲分析的方法来导出无量纲相似准则.

第三节　量纲分析和π定理

一、量纲的概念

表示物理量的类别，如长度、质量、时间和力等，称为物理量的量纲. 同一类物理量具有不同的测量单位，如公里、米、英里是长度一类物理量的单位，它们都具有长度的量纲. 在国际单位制中，以长度、质量和时间作为基本量纲，它们分别用[L]、[M]、[T]来表示. 其他各物理量的量纲，可以用基本量纲的不同指数幂的乘积来表示. 例如：

$$\text{速度} = \text{长度} / \text{时间} = [\mathrm{L}]/[\mathrm{T}] = [\mathrm{LT}^{-1}]$$

$$\text{力} = \text{质量} \times \text{加速度} = [\mathrm{M}][\mathrm{L}][\mathrm{T}^{-2}] = [\mathrm{LMT}^{-2}]$$

显然，不同量纲的物理量不能相加减. 方程式中各项的量纲必须一致，数值则可随选用的度量单位而变动，但公式的形式不随所采用的计算单位而改变.

二、量纲分析法

量纲分析法也称为因次分析法，它是利用上述量纲的基本概念来寻求物理现象中各量之间函数关系的一种方法，也是获得物理现象相似准则的一种实用方法.

假定某个物理现象可以用一个变量幂的乘积来表示，即

$$y = x_1^{k_1} x_2^{k_2} x_3^{k_3} \cdots x_n^{k_n} \tag{2-3-1}$$

式中，x_i 为影响该物理量的各种相互独立的因素. 它们相应的量纲分别为

$$[x_i] = [\mathrm{A}]^{ai} [\mathrm{B}]^{bi} [\mathrm{C}]^{ci} \quad (i = 1, 2, 3, \cdots, n) \tag{2-3-2}$$

$$[y] = [\mathrm{A}]^{a} [\mathrm{B}]^{b} [\mathrm{C}]^{c} \tag{2-3-3}$$

其中，A、B、C 为基本量纲，由量纲的一致性，各变量 x_i 的指数 k_i 必须满足下列方程组：

$$\begin{cases} a_1k_1 + a_2k_2 + a_3k_3 + \cdots + a_nk_n = a \\ b_1k_1 + b_2k_2 + b_3k_3 + \cdots + b_nk_n = b \\ c_1k_1 + c_2k_2 + c_3k_3 + \cdots + c_nk_n = c \end{cases} \tag{2-3-4}$$

式(2-3-4)为量纲一致性方程组，解之可得指数 $k_1, k_2, \cdots, k_n$ 的值. 若指数 k_i 的数目 n 多于式(2-3-4)中方程的个数 m（m 为基本量纲数），则有 $n-m$ 个指数可以用其他指数值的函数来表示.

归纳起来，量纲分析方法的步骤如下.

(1) 找出影响某一物理现象的所有独立的变量，假定一个函数关系，比如变量幂的乘积关系，这是量纲分析是否能得出正确结果的关键；

(2) 将各物理量的量纲用基本量纲表示，列出量纲公式；

(3) 建立量纲一致性方程组，联立求解各物理量的指数；

(4) 代入假定的函数关系式，并进行适当的组合简化；

(5) 通过实验验证，并且求出公式中的待定常数，从而建立该现象的经验公式.

下面通过两个具体例子来说明量纲分析方法的应用.

1. 物体在流体中运动时的黏性阻力

假定该黏性阻力 D 的大小与流体的密度 ρ、动力黏度 μ、物体与流体间的相对速度 u 以及物体的特征面积 A 有关，于是阻力的函数关系式为

$$D = f(\rho, \mu, u, A) \tag{2-3-5}$$

写成乘积的形式为

$$D = k\rho^a \mu^b u^c A^d \tag{2-3-6}$$

式中，k 为待定常数.

将各物理量的量纲代入上式，有

$$[\mathrm{LMT}^{-2}]=[\mathrm{L}^{-3}\mathrm{M}]^a[\mathrm{L}^{-1}\mathrm{MT}^{-1}]^b[\mathrm{LT}^{-1}]^c[\mathrm{L}^2]^d \tag{2-3-7}$$

按基本量纲分类组合后得

$$[\mathrm{L}][\mathrm{M}][\mathrm{T}]^{-2}=[\mathrm{L}]^{-3a-b+c+2d}[\mathrm{M}]^{a+b}[\mathrm{T}]^{-b-c} \tag{2-3-8}$$

上式两边对应的基本量纲的指数必须相等，即

$$\begin{cases}[\mathrm{L}]:-3a-b+c+2d=1\\ [\mathrm{M}]:a+b=1\\ [\mathrm{T}]:-b-c=-2\end{cases} \tag{2-3-9}$$

解上述联立方程组，得

$$a=1-b,\quad c=2-b,\quad d=1-b/2 \tag{2-3-10}$$

将式(2-3-5)、式(2-3-7)、式(2-3-8)代回原式(2-3-6)，阻力公式变为

$$D=k\rho^{1-b}\mu^b u^{2-b}A^{1-b/2}=k'\frac{1}{2}\rho u^2 A\left(\frac{\rho ul}{\mu}\right)^{-b} \tag{2-3-11}$$

式中，$l=A^{\frac{1}{2}}$ 为物体的特征尺寸.

通常阻力用阻力系数 C_D 来表示，它定义为

$$C_D=\frac{D}{\frac{1}{2}\rho u^2 A}$$

将式(2-3-11)代入，得

$$C_D=k'\left(\frac{\rho ul}{\mu}\right)^{-b}=k'Re^{-b} \tag{2-3-12}$$

式中，Re 是表征流动的一个相似准则数，称为雷诺数.

为了确定阻力系数公式中的两个待定常数 k' 和 b，可按雷诺准则设计实验模型. 根据实验数据，即可求出各个速度下的雷诺数和阻力系数，从而确定式(2-3-12)中的常数 k' 和指数 b. 根据原型和模型的相似，从模型实验中求出的阻力系数经验公式也可适用于原型流动. 实验证明，当 $Re<1$ 时，圆球阻力系数遵循斯托克斯公式，即

$$C_D=\frac{24}{Re} \tag{2-3-13}$$

2. 流体纵掠平板时的换热系数

假定换热系数 h 与来流速度 u_∞、板长 l、流体导热系数 λ、动力黏度 μ、比热容 C_p 和密度 ρ 等物理量有关，则

$$h = f\left(u_{\infty}, l, \lambda, \mu, C_p, \rho\right) \tag{2-3-14}$$

写成乘积的形式为

$$h = k u_{\infty}^{a} l^{b} \lambda^{c} \mu^{d} C_p^{e} \rho^{f} \tag{2-3-15}$$

式(2-3-15)中七个物理量涉及四个基本量纲[M]、[L]、[T]、[θ]. 将各物理量的量纲代入式(2-3-14)，得

$$[\mathrm{MT}^{-3}\theta^{-1}] = [\mathrm{LT}^{-1}]^{a}[\mathrm{L}]^{b}[\mathrm{LMT}^{-3}\theta^{-1}]^{c}[\mathrm{ML}^{-1}\mathrm{T}^{-1}]^{d}[\mathrm{L}^{2}\mathrm{T}^{-2}\theta^{-1}]^{e}[\mathrm{ML}^{-3}]^{f} \tag{2-3-16}$$

整理后，得

$$[\mathrm{M}][\mathrm{T}]^{-3}[\theta]^{-1} = [\mathrm{L}]^{a+b+c-d+2e-3f}[\mathrm{M}]^{c+d+f}[\mathrm{T}]^{-a-3c-d-2e}[\theta]^{-c-e} \tag{2-3-17}$$

由量纲的一致性，得

$$\begin{cases} a+b+c-d+2e-3f=0 \\ c+d+f=1 \\ -a-3c-d-2e=-3 \\ -c-e=-1 \end{cases} \tag{2-3-18}$$

由式(2-3-18)解得

$$a=f,\quad b=f-1,\quad c=1-e,\quad d=e-f \tag{2-3-19}$$

将式(2-3-19)代回式(2-3-15)中，得

$$h = k u_{\infty}^{f} \frac{l^{f}}{l} \frac{\lambda}{\lambda^{e}} \frac{u^{e}}{\mu^{f}} C_p^{e} \rho^{f} \tag{2-3-20}$$

整理后有

$$\frac{hl}{\lambda} = k\left(\frac{u_{\infty} l \rho}{\mu}\right)^{f}\left(\frac{\mu C_p}{\lambda}\right)^{e} \tag{2-3-21}$$

或

$$Nu = kRe^{f} Pr^{e} \tag{2-3-22}$$

式中，k 为常数；Nu、Re、Pr 分别称为努塞特数、雷诺数和普朗特数，它们都是对流换热中最基本的相似准则.

从上面两个例子可以看出，通过量纲分析以后得到的准则数目与原来变数之差正好是基本量纲数. 量纲分析法有时可能导致不完全正确的结果，因为各个物理现象所涉及的物理量是人们靠经验或分析推测出来的，如果推测不正确，遗漏了某些主要的物理量，就会得出错误或片面的结果，所以量纲分析的正确与否取决于人们对该物理现象本质的理解. 只有充分了解了该现象的物理实质，才可能列出参与过程的全部物理量，从而通过量纲分析获得正确的结果.

三、π定理

为了从理论上说明量纲分析法给出相似准则数目的规律性，1914 年白金汉建立了 π 定理. 利用该定理可以导出具有较多变量的复杂物理现象的相似准则. π 定理指出，某一物理现象，它涉及 n 个变量，其中包括 m 个基本量纲，则此 n 个变量之间的关系可以用 $n-m$ 个无量纲 π 项的关系式来表示，即

$$F\left(\pi_1,\pi_2,\pi_3,\cdots,\pi_{n-m}\right)=0 \tag{2-3-23}$$

各 π 项就是上面讨论过的相似准则.

用 π 定理来获得某一物理现象特有的物理量之间的函数关系式时的具体步骤如下：

(1) 找出影响某物理现象的 n 个独立变量；

(2) 从 n 个独立变量中选出 m 个基本变量，这些基本变量应包含 n 个变量中的全部基本量纲，通常 m 就等于基本量纲的个数；

(3) 排列 $n-m$ 个 π 项，每个 π 项由 m 个基本变量与另一个非基本变量组成，且必须满足每个 π 是无量纲的条件；

(4) 将每个 π 项的量纲展开，求出待定的指数；

(5) 该物理现象可用 $n-m$ 个无量纲 π 项的函数关系式来表示，必要时各 π 项可相互乘除，以组成常用的准则；

(6) 根据实验决定具体的函数关系式.

下面通过一个具体例子来说明 π 定理的应用.

考虑黏性流体在光滑圆管中的流动压力降. 实验表明，黏性流体在圆管中的压力降 Δp 与管长 L、管径 d、平均流速 u、液体的密度 ρ 和动力黏度 μ 有关，即

$$f\left(\Delta p,L,d,u,\rho,\mu\right)=0 \tag{2-3-24}$$

在这六个变量中，选出 ρ、u、d 为三个基本量，它们包括了六个变量所涉及的三个基本量纲[L]、[M]、[T]. 在这种情况下可组成 $6-3=3$ 个无量纲 π 项，即

$$\begin{cases}\pi_1=\Delta p\rho^{a_1}u^{b_1}d^{c_1}\\ \pi_2=\mu^{-1}\rho^{a_2}u^{b_2}d^{c_2}\\ \pi_3=L\rho^{a_3}u^{b_3}d^{c_3}\end{cases} \tag{2-3-25}$$

π_1 的量纲公式为

$$[\mathrm{L}^0\mathrm{M}^0\mathrm{T}^0]=[\mathrm{L}^{-1}\mathrm{MT}^{-2}][\mathrm{L}^{-3}\mathrm{M}]^{a_1}[\mathrm{LT}^{-1}]^{b_1}[\mathrm{L}]^{c_1} \tag{2-3-26}$$

类似前面的分析，可求出

$$a_1=-1,\quad b_1=-2,\quad c_1=0 \tag{2-3-27}$$

于是得到

$$\pi_1=\frac{\Delta p}{\rho u^2}=Eu \text{（欧拉数）}$$

同样的方法，求出

$$\pi_2=\frac{\rho u d}{\mu}=Re,\quad \pi_3=\frac{L}{d}$$

由此，公式可变成

$$f(\pi_1,\pi_2,\pi_3)=f\left(Eu,Re,\frac{L}{d}\right)=0$$

或

$$Re=f\left(Eu,\frac{L}{d}\right) \tag{2-3-28}$$

这就是所要求的函数关系式. 通过实验数据，可以获得工程应用的经验公式. 在π定理的应用中，各π项的选择并没有一定的规则，但是为了求解的方便，可以考虑如下的选择方法：

(1) 待求的物理量只能出现在一个π项中；

(2) 尽量组成经典的已知的准则数，如 Re 等；

(3) 实验中容易调节的自变量最好只出现在一个π项中；

(4) π项的物理意义应比较明确.

第四节　相似理论及其应用

一、相似基本定理

相似理论是指导模型实验的基本理论. 它告诉我们应该在什么条件下进行实验，实验中应当测量哪些物理量，如何整理实验数据以及如何应用实验结果等问题. 相似理论建立在三个基本定理的基础上.

(1) 相似第一定理. 1848年伯特朗(Bertrand)根据相似现象的相似特性，提出了相似第一定理. 定理指出：彼此相似的现象，他们的同名相似准则必定相等. 例如，如果换热现象相似，它们必具有相同的努塞特准则 Nu. 这个定理直接回答了实验时应测量哪些量的问题，即必须测量出与实验过程有关的各种相似准则中所包含的一切量. 相似第一定理也可以看作关于两个相似现象之间相似准则的存在定理.

(2) 相似第二定理. 由实验得到了实验数据后，如果能够把相似定理的函数关系确定下来，那么问题就解决了. 我们就可以从一个现象推出对所有同类型的相似现象都适用的关系式. 这种关系式是否一定存在呢？相似第二定理指出，任何微分方程式所描述的物理现象都可以用从该微分方程式导出的相似准则的函数关系式来表示. 此函数关系式是在实验条件下得到的描述该物理现象的基本方程组的一个特解. 相似第二定理为我们提供了实验数据的整理方法和实验结果的应用问题. 由此定理所求出的物理量可以直接推广到原型上去.

(3) 相似第三定理. 相似第一和第二定理只说明了相似现象的特性，但没有解决相似的必要和充分条件，以及在进行模型实验时变量之间的比例关系. 相似第三定理回答了这个问题. 它指出，凡是单值性条件相似，同名定型准则相等的那些现象必定彼此相似. 这样，我们就可以把已经研究过的现象的实验结果应用到与它相似的另一个新的现象上，而不必再对该现象进行实验. 所谓单值性条件是指那些有关传热和流动过程特点的条件，它包括几何条件、物理条件、边界条件和初始条件. 有了这些条件，就可以把某一个现象从其他现象中区分出来. 定型准则是指由单值性条件所组成的准则，它们由给定的条件确定，在实验之前是已知的. 非定型准则是包含待定物理量的准则，它们在实验前是未知的. 例如，在已知流动条件及流体物性的条件下，需要确定流体和面壁之间换热系数时，反映流动条件的雷诺准则 Re 和反映流体物性的普朗特准则 Pr 就是定型准则. 而包含换热系数的努塞特准则就是非定型准则.

二、相似理论的应用

应用相似理论的三个基本定理可以解决模型实验中的一系列具体问题. 归结起来就是：

(1) 实验必须在相似的条件下进行；

(2) 实验中应当测量包含在相似准则中的所有物理量；

(3) 实验数据应当整理成相似准则的函数关系式；

(4) 实验结果可以推广到相似现象中去.

根据相似理论进行模型实验时一般所采取的步骤是：

(1) 确定主要的相似准则. 根据微分方程式或量纲分析所得出的全部相似准则并不是每个都重要，需要经过分析略去次要的准则，以简化问题的处理. 例如，物体在空气中做低速运动时，只有雷诺准则起主要作用；而做高速运动时，必须同时考虑雷诺准则和马赫准则. 又如，在黏性流体强制流动时，对流动起主要作用的是雷诺准则，而反映密度变化的格拉斯霍夫准则常可忽略.

(2) 在相似条件下设计实验模型. 一般情况下，模型与原型在保证单值性条件相似的情况下进行实验，保证的方法就是两者同名定型准则在数值上相等. 在实际模型实验中，要满足所有同名相似准则都相等是不可能的，因此不可能完全重演相似

现象. 这时只能满足其中主要的相似准则相等. 这种相似称为部分相似或近似模化. 例如，在一个水池中进行船舶模型的水面阻力实验时，同时需要满足 *Re* 准则和 *Fr* 准则相等的要求. 如果用一个 1/20 的模型来研究真正的船舶航行，那么为了满足 *Re* 和 *Fr* 与真值相等，必须有

$$\frac{u_m}{u_p}=\sqrt{\frac{gl_m}{gl_p}}=\sqrt{\frac{1}{20}} \tag{2-4-1}$$

$$v_m=v_p\frac{u_m}{u_p}\frac{l_m}{l_p}=0.011v_p \tag{2-4-2}$$

船在常温水中航行时，v_p 的值约为 $10^{-6}\mathrm{m^2/s}$，因此在模型中流体的黏度应为 $1.1\times10^{-8}\mathrm{m^2/s}$，但这样的流体还无法找到. 由此可见，要满足严格的相似是办不到的. 在这个例子中，由于黏性的影响比重力小得多，所以可以不要求 *Re* 相等，只要 *Fr* 相等即可. 对于 *Re* 不同所带来的影响可以用其他方法进行修正.

(3) 在实验中测量包含在相似准则中的物理量. 例如，在确定流体通过圆管流动的表面换热系数时，需要测量流体的速度和温度，流体的黏度、导热系数和比热，以及圆管的直径和壁温. 然后确定换热系数(努塞特准则)与雷诺准则、普朗特准则之间的函数关系. 列成表格，绘制曲线或建立经验公式.

(4) 实验结果的推广. 由模型实验结果所得的经验公式，可以直接应用于与之相似的原型流动和传热计算.

例如，采用一个缩小到 1/10 的模型来研究管式换热器中的流动情况. 实验换热器中管内空气流速为 10 m/s，温度为 180℃. 现用 20℃的水在模型中做实验，问模型管内水的流速应多大？

要使模型和原型工况相似，必须使两者的雷诺准则相等，即

$$\frac{u_m d_m}{v_m}=\frac{u_p d_p}{v_p} \tag{2-4-3}$$

于是模型中的流速为

$$u_m=u_p\frac{d_p}{d_m}\frac{v_m}{v_p} \tag{2-4-4}$$

180℃的空气 $v_p=32.5\times10^{-6}\mathrm{m^2/s}$，20℃的水 $v_m=1.006\times10^{-6}\mathrm{m^2/s}$，所以有

$$u_m=10\times10\times\frac{1.006\times10^{-6}}{32.5\times10^{-6}}=3.1\,(\mathrm{m/s})$$

即只要在模型中维持这样的流速，就可以来模拟原型中高温高速空气的流动状况.

在研究实际问题时，有时现象十分复杂，定型准则很多，在模型上很难实现相似条件. 此时可以考虑采用分割相似的方法，把现象分割成几部分，分别制作各部分的相似模型. 分割的方法可以是按时间分割，即把一个复杂的物理过程按时间分

割成一个个子过程，然后对每一个子过程中发生的现象进行模拟；也可以按空间分割，即把一个复杂过程按空间分割成几部分，每部分建立自己的相似关系然后总合起来，最终得到整个复杂过程的模拟.

三、定性温度和特性尺度

在讨论流动和传热问题的相似时，特性尺度和定性温度的作用十分重要. 所谓特性尺度是指相似准则中包含的反应物体尺度的值，如雷诺准则中的 l. 决定相似准则中物性参数值的温度称为定性温度.

在利用准则关系式处理实验数据时，如何选择定性温度是一个十分重要的问题. 通常各物性参数值都随温度发生变化，所以即使温度场相似，仍不能保证物性场的相似. 所以选择适当的定性温度对于相似理论的正确应用关系很大. 根据边界层的概念，换热主要决定于边界层的状态，所以选用边界层平均温度 $T_{\mathrm{m}}=\dfrac{1}{2}(T_{\mathrm{w}}+T_{\mathrm{f}})$ 作为定性温度是恰当的，其中 T_{w} 代表壁面温度，T_{f} 代表流体温度(平均温度). 按照这个定性温度取物性值，换热系数与热流方向无关，即不论对流体加热还是冷却，只要 T_{m} 一样，流动状态相似，换热系数也应相等.

但实验证明，热流方向对换热系数有影响，因此实际上对于流体在管槽内受迫运动时，可取流体的截面平均温度作为定性温度；对于流体外掠物体做受迫运动时，可取来流的温度作为定性温度；对自然流，可取周围介质温度作为定性温度；对液体沸腾换热，可取对应压力下的饱和温度作为定性温度. 当然，由于物性随温度的变化，根据这样的定性温度计算的相似准则不能保证严格的相等，因此这样的相似往往只是近似的.

管槽内截面平均温度可简单地用下式求出：

$$T_{\mathrm{f}}=\frac{1}{V}\int Tu\,\mathrm{d}F \tag{2-4-5}$$

式中，F 为管截面面积；u 为流速；V 为容积流量. 由此可见，为求出截面平均温度，需要知道温度和速度沿截面的分布.

特性尺度的选择对于决定准则的数值也是一个主要因素. 由于选用特性尺度不同，对同一物理现象，准则数值也不一致. 通常在热工实验中采用的特性尺度为：圆管取直径；平板取沿流动方向的板长；对横向掠过单管或管束的问题，取管的外径为特性尺度；非圆形槽道取当量直径 d_{e}，d_{e} 的定义为

$$d_{\mathrm{e}}=\frac{4F}{U} \tag{2-4-6}$$

式中，F 为流通截面面积；U 为截面的周长，即被湿润的周边长度.

对于由实验数据整理出的准则方程式，应注明它所采用的定性温度和特性尺度. 对于采用文献中推荐的准则公式，也应按公式规定的定性温度和特性尺度进行计算，并且只能推广应用于实验时的定型准则数值范围内，否则会导致错误的结果.

第五节 自然循环相似准则

自然循环作为一种重要的不依赖外加动力驱动的冷却剂循环方式，不但在一些反应堆的正常工况下用于代替击泵驱动冷却剂的流动，还在反应堆事故工况下作为一种高可靠性的措施将堆芯的衰变余热带走，从而确保反应堆在事故工况下的安全. 因此，开展自然循环的系统性试验研究，是确保概念可行和设计程序可信的重要方法. 然而反应堆巨大的热传递量和几何尺度，导致实验室规模的 1:1 模拟在大多数情况下是不可能的. 一种在降比例尺度上进行模拟试验的比例模化方法，就成为探索自然循环现象的重要理论工具.

一、自然循环系统模化

反应堆一回路系统结构复杂，不论是堆芯还是蒸汽发生器，都需要通过一定的假设进行简化. 首先是一维假设，认为流动是沿设备或管道的轴向方向，而传热则在一维边界的径向进行. 其次，可以采用特征参数，如热工水力直径等，对径向影响的作用进行评估和模拟. 此外，还需要忽略热损失、轴向传热及方程中的高阶项.

在作上述简化后，可以对反应堆一回路采用如下微分方程进行描述. 为了以后分析的方便，一并将采用漂移模型的两相方程列出.

(1)连续方程：

两相

$$\frac{\partial \rho_{\mathrm{m}}}{\partial t}+\frac{\partial \rho_{\mathrm{m}} u_{\mathrm{m}}}{\partial s}=0 \tag{2-5-1}$$

单相

$$\frac{\partial \rho_{i}}{\partial t}+\frac{\partial \rho_{i} u_{i}}{\partial s}=0 \tag{2-5-2}$$

动量方程：

两相

$$\frac{\partial \rho_{\mathrm{m}} u_{\mathrm{m}}}{\partial t}+\frac{\partial \rho_{\mathrm{m}} u_{\mathrm{m}}^{2}}{\partial s}=-\frac{\partial p}{\partial s}+\rho_{\mathrm{m}} g_{\mathrm{s}}-\tau_{\mathrm{TP}}\left(\frac{\xi}{a}\right)-\frac{\partial}{\partial s}\left[\frac{\alpha \rho_{\mathrm{g}} \rho_{\mathrm{f}}}{(1-\alpha) \rho_{\mathrm{m}}} V_{\mathrm{g} j}\right] \tag{2-5-3}$$

单相

$$\frac{\partial \rho_i u_i}{\partial t}+\frac{\partial \rho_i u_i^2}{\partial s}=-\frac{\partial p}{\partial s}+\rho g_{\mathrm{s}}-\tau_{\mathrm{SP}}\left(\frac{\xi}{a}\right) \tag{2-5-4}$$

能量方程：

两相

$$\frac{\partial \rho_{\mathrm{m}} h_{\mathrm{m}}}{\partial t}+\frac{\partial \rho_{\mathrm{m}} u_{\mathrm{m}} h_{\mathrm{m}}}{\partial s}=\left(\frac{\xi}{a}\right) h_{\mathrm{TP}}\left(T_{\mathrm{w}}-T_{\mathrm{sat}}\right)-\frac{\partial}{\partial s}\left(\frac{\alpha \rho_{\mathrm{g}} \rho_{\mathrm{f}}}{\rho_{\mathrm{m}}} \Delta h_{\mathrm{fg}} V_{\mathrm{g}j}\right) \tag{2-5-5}$$

单相

$$\frac{\partial \rho_i h_i}{\partial t}+\frac{\partial \rho_i u_i h_i}{\partial s}=\left(\frac{\xi}{a}\right) h_{\mathrm{SP}}\left(T_{\mathrm{w}}-T_{\mathrm{f}}\right) \tag{2-5-6}$$

(2) 传热方程：

两相

$$\frac{\partial\left\langle\rho_{\mathrm{s}} c_{\mathrm{v_s}} T_{\mathrm{s}}\right\rangle}{\partial t}+\left[\frac{\xi}{a_{\mathrm{s}}} h_{\mathrm{TP}}\left(T_{\mathrm{w}}-T_{\mathrm{sat}}\right)\right]-q_{\mathrm{s}}=0 \tag{2-5-7}$$

单相

$$\frac{\partial\left\langle\rho_{\mathrm{s}} c_{\mathrm{v_s}} T_{\mathrm{s}}\right\rangle}{\partial t}+\left[\frac{\xi}{a_{\mathrm{s}}} h_{\mathrm{SP}}\left(T_{\mathrm{w}}-T_{\mathrm{f}}\right)\right]-q_{\mathrm{s}}=0 \tag{2-5-8}$$

汽相连续方程(漂移流模型)

$$\frac{\partial \rho_{\mathrm{g}} \alpha}{\partial t}+\frac{\partial \rho_{\mathrm{g}} \alpha u_{\mathrm{m}}}{\partial s}=\Gamma_{\mathrm{g}}-\frac{\partial}{\partial s}\left(\frac{\alpha \rho_{\mathrm{g}} \rho_{\mathrm{f}}}{\rho_{\mathrm{m}}} V_{\mathrm{g}j}\right) \tag{2-5-9}$$

式中，$V_{\mathrm{g}j}$ 为漂移速度，由下式计算：

$$V_{\mathrm{g}j}=U_{\mathrm{g}}-j=0.2\left(1-\sqrt{\frac{\rho_{\mathrm{g}}}{\rho_{\mathrm{f}}}}\right) j+1.4\left(\frac{\sigma g \Delta \rho_{\mathrm{fg}}}{\rho_{\mathrm{f}}^2}\right)^{\frac{1}{4}} \tag{2-5-10}$$

比例模化分析时，应确保被模拟的对象及模拟装置能够复现自然循环最为主要的整体参数.

自然循环现象的主要影响因素是流体的密度差、冷-热芯位差和回路阻力. 因此，简化分析应围绕密度变化、重力方向的密度型堆芯位置和阻力而进行.

反应堆一回路系统的设备可以简单地分为两种类型(即有热量传递和无热量传递)、3 种设备(管路、蒸汽发生器、堆芯). 其中，可以认为此处的蒸汽发生器是指发生了进出口温度或密度变化的那部分，即蒸汽发生器传热管束. 而反应堆堆芯则是发生了温度或密度变化的那部分堆芯，即加热部分，其余部分则视为管道. 如果考虑到两相流型的影响，严格地说，管道内流体的密度也可以发生变化.

管道的特征是没有热量传递，只是流体的位置发生变化，并贡献阻力. 在反应堆管系中，如冷管和热管，在符合一维假设方面没有大的问题，而一些局部有突变的构件可以通过阻力作用来体现其在自然循环过程中的作用. 因此，管道可以用长度、水力学当量直径和流通截面积体现其流速、流动阻力；通过在重力方向的投影体现其位置变化对重力作用的贡献. 不论是几根管道，均可以将上述的特征元件一维化.

蒸汽发生器和反应堆堆芯结构复杂，并存在传热现象，三维特征明显，需要进行合理简化，以体现其在自然循环过程中的特征参数.

蒸汽发生器可以认为是由多根平行的、具有相似热工水力学特性的管道组成的. 堆芯可以看成是由多个具有相似特性的、通道间具有一定交混的、平行的热工水力子通道构成的. 因此，简化时可沿轴向进行径向积分化简，如式(2-5-6)所示，这样，就可以产生一维的轴向热工水力参数以及壁面的传热分布

$$\Phi(z)=\frac{\int_0^z \Phi(x,y)\mathrm{d}A}{A} \tag{2-5-11}$$

在做出上述简化后，可以将回路系统简化为如图 2-5-1 所示的一维系统. 在图 2-5-1 中，蒸汽发生器和堆芯的轴线与 z 轴(即重力方向)平行，且由蒸汽发生器和堆芯轴线构成的平面在 xz 平面内，l_{hc} 代表冷-热芯位差，由 O_c 和 O_h 之间的 z 向距离确定，这是针对压水堆布置时，蒸汽发生器和堆芯垂直而言. 如果蒸汽发生器或堆芯是卧式布置或斜置，同样也可根据其冷-热芯 O_c 和 O_h 位置定义确定 l_{hc} .

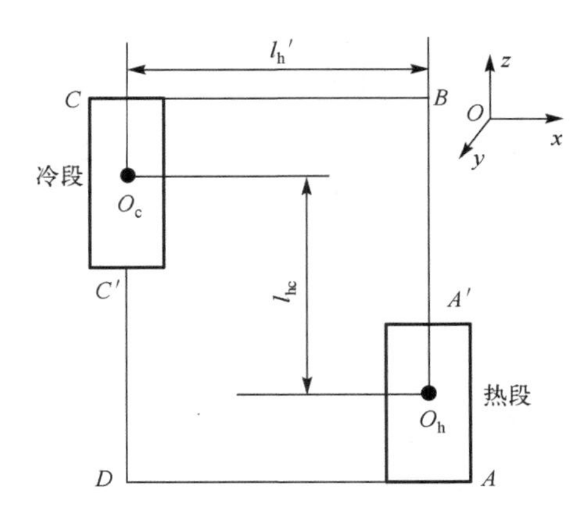

图 2-5-1　自然循环系统简化示意图

二、基本方程简化

首先，对基本方程中的能量方程和传热方程进行合并对流换热项处理.

对流换热系数的模拟不是必须的，主要原因有：①金属构件结构复杂，本模型中的一维方法模拟不是准确描述；②两项传热温差很小，测量到的壁温的价值可忽略；③燃料元件基本上是定热流密度传热，不受传热系数的影响，而燃料棒本身的壁温与材料、结构等有关，不必详细模拟，对其研究可以在其他情况下进行. 所以，合并能量方程和传热方程为新的能量方程：

两相

$$\frac{\partial \rho_{\mathrm{m}} h_{\mathrm{m}}}{\partial t}+\frac{\partial \rho_{\mathrm{m}} u_{\mathrm{m}} h_{\mathrm{m}}}{\partial s}=\left(\frac{\xi}{a_i}\right) q_{\mathrm{s}}-\left(\frac{a_{\mathrm{s}}}{a_i}\right) \frac{\partial \rho_{\mathrm{s}} c_{\mathrm{v}_{\mathrm{s}}} T_{\mathrm{s}}}{\partial t}-\frac{\partial}{\partial s}\left(\frac{\alpha \rho_{\mathrm{g}} \rho_{\mathrm{f}}}{\rho_{\mathrm{m}}} \Delta h_{\mathrm{fg}} V_{gj}\right) \tag{2-5-12}$$

单相

$$\frac{\partial \rho_i h_i}{\partial t}+\frac{\partial \rho_i u_i h_i}{\partial s}=\left(\frac{\xi}{a_i}\right) q_{\mathrm{s}}-\left(\frac{a_{\mathrm{s}}}{a_i}\right) \frac{\partial \rho_{\mathrm{s}} c_{\mathrm{v}_{\mathrm{s}}} T_{\mathrm{s}}}{\partial t} \tag{2-5-13}$$

从式(2-4-3)和式(2-4-4)可以看到，自然循环的主要原因是重力作用下的密度差驱动. 从式(2-5-5)～式(2-5-8)可以得知，回路的密度主要受边界传热的控制. 当堆芯传热有变化时，局部的密度也会发生变化，但该密度变化并不会立即对流速产生很大的影响. 只有该密度变化因流体流动传递到整个回路，对回路中的密度差产生实质性的影响，才导致流速变化. 因此，可以认为回路流体密度对于时间的偏微分项 $\partial \rho / \partial t$ 是可以忽略的. 因此各方程可以变化如下.

(1) 连续方程

$$\left\{\rho_{\mathrm{m}} u_{\mathrm{m}} a\right\}_i=\{\rho u a\}_i=\left\{\rho_{\mathrm{r}} u_{\mathrm{r}} a_{\mathrm{r}}\right\} \tag{2-5-14}$$

式中，下标 r 表示堆芯入口.

(2) 动量方程的单相和两相形式相同

$$\rho_{\mathrm{r}} \Sigma_i\left(l_i \frac{a_{\mathrm{r}}}{a_i}\right) \frac{\partial u_{\mathrm{r}}}{\partial t}=\Delta \rho g l_{\mathrm{hc}}-\frac{1}{2} \rho_{\mathrm{r}} u_{\mathrm{r}}^2 \Sigma_i\left(\frac{\rho_{\mathrm{r}}}{\rho_i}\right) \times\left(\frac{a_{\mathrm{r}}}{a_i}\right)^2\left(\frac{f l}{d_{\mathrm{h}}}+K\right)_i \tag{2-5-15}$$

(3) 能量方程：

两相

以质量含气量表示，式(2-5-5)可以变化为

$$\rho_i \Delta h_{\mathrm{fg}} \frac{\partial X_i}{\partial t}+\rho_0 u_0 \Delta h_{\mathrm{fg}}\left(\frac{a_{\mathrm{r}}}{a_i}\right) \frac{\partial X_i}{\partial s}=\left(\frac{\xi}{a_i}\right) q_{\mathrm{s}}-\left(\frac{a_{\mathrm{s}}}{a_i}\right) \rho_{\mathrm{s}} c_{\mathrm{v}_{\mathrm{s}}} \frac{\partial T_{\mathrm{s}}}{\partial t} \tag{2-5-16}$$

单相

参考式(2-5-16)，以质量含气量

$$X_i=\frac{h_i-h_{\mathrm{f}}}{\Delta h_{\mathrm{fg}}} \tag{2-5-17}$$

来表征，则式(2-5-13)可以改写成式(2-5-16).

三、方程无量纲化

从上述方程变换来看，单相和两相的方程形式是相同的，因此，可以统一作如下的无量纲化.

(1)连续方程

$$U_i = \left(\frac{A_\mathrm{r}}{A_i}\right)\left(\frac{\rho_\mathrm{r}^+}{\rho_i^+}\right)U_\mathrm{r} \tag{2-5-18}$$

(2)动量方程

$$\sum_i \left(\frac{L_i}{A_i}\right)\frac{\partial U_\mathrm{r}}{\partial \tau} = \Pi_\mathrm{R}\Delta\rho^+ L_\mathrm{hc} - \frac{1}{2}U_\mathrm{r}^2 \sum_i \Pi_{\mathrm{F}i} \tag{2-5-19}$$

(3)能量方程

$$\left(\frac{\rho_i^+}{\rho_\mathrm{r}^+}\right)\frac{\partial X_i}{\partial \tau} + \frac{\partial X_i}{\partial S} = \left(\Pi_\mathrm{H}\right)_i q_{\mathrm{s}i}^+ - \left(\Pi_\mathrm{C}\right)_i \frac{\partial \theta_{\mathrm{s}i}}{\partial \tau} \tag{2-5-20}$$

无量纲化参数如下.

速度：$U_i = \dfrac{u_i}{u_0}$，$U_\mathrm{r} = \dfrac{u_\mathrm{r}}{u_0}$

长度：$L_i = \dfrac{l_i}{l_\mathrm{hc}^0}$，$L_\mathrm{hc} = \dfrac{l_\mathrm{hc}}{l_\mathrm{hc}^0}$

时间：$\tau = \dfrac{tu_0}{l_\mathrm{hc}^0}$

温度：$\theta = \dfrac{T - T_0}{\Delta T_0}$

热流密度：$q_{\mathrm{s}i}^+ = \dfrac{q_{\mathrm{s}i}}{q_{\mathrm{s}i,0}}$

流通面积：$A_i = \dfrac{a_i}{a_0}$

无量纲密度：$\rho_i^+ = \dfrac{\rho_i}{\rho_0}$，$\rho_\mathrm{r}^+ = \dfrac{\rho_\mathrm{r}}{\rho_0}$

无量纲密度差：$\Delta\rho^+ = \dfrac{\rho}{\Delta\rho_0}$

式中，u_0、ρ_0、a_0为堆芯初始入口参数，$a_0 = a_\mathrm{r}$；$\Delta\rho_0$为初始堆芯进、出口密度差；$\Delta T_0 = T_\mathrm{f} - T_{\mathrm{in}0}$；$l_\mathrm{hc}^0$为初始冷-热芯位差.

式(2-5-13)～式(2-5-15)中无量纲参数定义为理查森数，表征浮升力与惯性力之间的关系

$$\Pi_{\mathrm{R}i}=\frac{g\Delta\rho_0 l_{\mathrm{hc}}^0}{\rho_{\mathrm{r}}u_0^2} \tag{2-5-21}$$

阻力系数表征回路的摩擦和形阻

$$\Pi_{\mathrm{F}i}=\sum_i\left(\frac{A_{\mathrm{r}}}{A_i}\right)^2\left(\frac{\rho_{\mathrm{r}}^+}{\rho_i^+}\right)\times\left(\frac{fl}{d_{\mathrm{h}}}+K\right)_i \tag{2-5-22}$$

热源数表征燃料元件释热对回路焓升的影响

$$\left(\Pi_{\mathrm{H}}\right)_i=\frac{q_0 l_{\mathrm{h}}^0\xi_i}{\rho_0 u_0 a_0\Delta h_{\mathrm{fg}}} \tag{2-5-23}$$

热容数表征结构的热容量与回路焓升间的关系

$$\left(\Pi_{\mathrm{C}}\right)_i=\left(\frac{\rho_{\mathrm{s}}c_{v_{\mathrm{s}}}\Delta T_0 a_{\mathrm{s}}}{\rho_0 a_i\Delta h_{\mathrm{fg}}}\right)_i \tag{2-5-24}$$

四、相似准则

首先确定下式应该是明确的：

$$\left(L_{\mathrm{h}}\right)_{\mathrm{R}}=1 \tag{2-5-25}$$

为了满足原型和模型之间相似的需要，式(2-5-13)～式(2-5-19)的模型和原型的比值均应等于1. 所以有

$$(\Pi_{\mathrm{R}i})_{\mathrm{R}}=1,\quad (\Pi_{\mathrm{F}i})_{\mathrm{R}}=1,\quad (\Pi_{\mathrm{H}})_{i\mathrm{R}}=1,\quad (\Pi_{\mathrm{C}})_{i\mathrm{R}}=1$$

为了满足连续方程式(2-5-18)的相似，有

$$\left(\frac{A_{\mathrm{r}}}{A_i}\right)_{\mathrm{R}}\left(\frac{\rho_{\mathrm{r}}^+}{\rho_i^+}\right)_{\mathrm{R}}=1 \tag{2-5-26}$$

大多数模拟均认为需要满足原型和模型的流通截面积相似

$$A_{i\mathrm{R}}=\frac{(a_i/a_0)_{\mathrm{m}}}{(a_i/a_0)_{\mathrm{p}}}=1 \tag{2-5-27}$$

本书不讨论该比例不是1的情况.

根据式(2-5-26)、式(2-5-27)，则有

$$\left(\frac{\rho_{\mathrm{r}}^+}{\rho_i^+}\right)_{\mathrm{R}}=1$$

也就有

$$\left(\frac{\rho_{\mathrm{r}}}{\rho_0}\right)_{\mathrm{R}}=1 \tag{2-5-28}$$

这个准则数表征原型和模型的压力比为定值

$$\frac{p_{\mathrm{m}}}{p_{\mathrm{p}}}=\mathrm{Constant} \tag{2-5-29}$$

根据式(2-5-28)可以得到堆芯进、出口密度存在以下关系：

$$\left(\frac{\Delta\rho_0}{\rho_0}\right)_{\mathrm{R}}=1 \tag{2-5-30}$$

根据式(2-5-21)、式(2-5-28)和式(2-5-30)可以得到

$$(\Pi_{\mathrm{R}i})_{\mathrm{R}}=\left(\frac{g\Delta\rho_0 l_{\mathrm{h}}^0}{\rho_{\mathrm{r}}u_0^2}\right)_{\mathrm{R}}=\left(\frac{g\Delta\rho_0 l_{\mathrm{h}}^0}{\rho_0 u_0^2}\right)_{\mathrm{R}}=\left(\frac{l_{\mathrm{h}}^0}{u_0^2}\right)_{\mathrm{R}}=1 \tag{2-5-31}$$

该式表达的是高度比和自然循环速度比的关系.

根据式(2-5-26)，$(\Pi_{\mathrm{F}i})_{\mathrm{R}}$ 可以简化为

$$(\Pi_{\mathrm{F}i})_{\mathrm{R}}=\left(\Sigma_i\left(\frac{A_{\mathrm{r}}}{A_i}\right)\left(\frac{fl}{d_{\mathrm{h}}}+K\right)_i\right)_{\mathrm{R}}=1 \tag{2-5-32}$$

由于模型和原型的压力比为定值，所以式(2-5-33)成立

$$\left(\frac{\Delta\rho_{\mathrm{fg}}}{\rho_{\mathrm{g}}}\right)_{\mathrm{R}}=1 \tag{2-5-33}$$

如果流体介质不同，可根据该式确定压力比.

根据式(2-5-33)，可以将 $(\Pi_{\mathrm{H}})_{i\mathrm{R}}$ 写成

$$(\Pi_{\mathrm{H}})_{i\mathrm{R}}=\left(\frac{q_0 l_{\mathrm{h}}^0\xi_i}{\rho_0 u_0 a_0\Delta h_{\mathrm{fg}}}\right)_{\mathrm{R}}=\left(\frac{q_0 l_{\mathrm{hc}}^0\xi_i}{\rho_0 u_0 a_0\Delta h_{\mathrm{fg}}}\left(\frac{\Delta\rho_{\mathrm{fg}}}{\rho_{\mathrm{g}}}\right)\right)_{\mathrm{R}} \tag{2-5-34}$$

该式就是无量纲相变数

$$(\Pi_{\mathrm{pch}})_i=\frac{q_0 l_{\mathrm{h}}^0\xi_i}{\rho_0 u_0 a_0\Delta h_{\mathrm{fg}}}\left(\frac{\Delta\rho_{\mathrm{fg}}}{\rho_{\mathrm{g}}}\right) \tag{2-5-35}$$

同理，由入口含气量的定义可以推导到无量纲过冷度数

$$\Pi_{\mathrm{sub}}=\frac{\Delta h_{\mathrm{sub}}}{\Delta h_{\mathrm{fg}}}\left(\frac{\Delta\rho_{\mathrm{fg}}}{\rho_{\mathrm{g}}}\right) \tag{2-5-36}$$

从能量方程式(2-5-20)得知，堆芯内的质量含气量变化相同，如果保证堆芯出口的含气量相等

$$(X_{\mathrm{e}})_{\mathrm{R}}=1 \tag{2-5-37}$$

则

$$(X_{\mathrm{in}})_{\mathrm{R}}=1 \tag{2-5-38}$$

$$(\Pi_{\mathrm{sub}})_{\mathrm{R}}=1 \tag{2-5-39}$$

对于热容数有

$$(\Pi_{\mathrm{C}})_{i\mathrm{R}}=\left(\frac{\rho_{\mathrm{s}}c_{\mathrm{v_s}}\Delta T_0 a_{\mathrm{s}}}{\rho_0 a_i \Delta h_{\mathrm{fg}}}\right)_{\mathrm{R}}=\left(\frac{\rho_{\mathrm{s}}c_{\mathrm{v_s}}\Delta T_0}{\rho_0 \Delta h_{\mathrm{fg}}}\right)_{\mathrm{R}}\left(\frac{a_{\mathrm{s}}}{a_i}\right)_{\mathrm{R}} \tag{2-5-40}$$

式(2-5-40)在流体和金属材料的热物性相同时，有

$$(\Pi_{\mathrm{C}})_{i\mathrm{R}}=\left(\frac{a_{\mathrm{s}}}{a_i}\right)_{\mathrm{R}}=1 \tag{2-5-41}$$

该式表示在每一局部区域，金属构件与回路流体之间的质量关系.

此外，为了保持模型对漂移流的模拟，应该满足

$$(\Pi_{\mathrm{d}})_{i\mathrm{R}}=1 \tag{2-5-42}$$

该无量纲量定义为

$$(\Pi_{\mathrm{d}})_i=\left(\frac{V_{gj}}{u_0}\right)_i \tag{2-5-43}$$

根据动量方程，还有式(2-5-44)成立

$$\left(\sum_i\left(\frac{L_i}{A_i}\right)\right)_{\mathrm{R}}=1 \tag{2-5-44}$$

五、自然循环相似准则应用举例

表 2-5-1 列出了针对压水堆等压等物性的模拟相似准则数组.

表 2-5-1　等压水-水模拟准则数

序号	准则	注释
1	$(l_{\mathrm{h}}^0)_{\mathrm{R}}=H$	根据模拟装置的规模决定，主要取决于电源、三维现象的模拟需要及压力容器的尺度等
2	$(a_0)_{\mathrm{R}}=C$	
3	$(p_0)_{\mathrm{R}}=1$	等压模拟，由模拟准则要求
4	$(T_{\mathrm{in0}})_{\mathrm{R}}=1$	堆芯入口的温度相等，由模拟准则要求
5	$\left(\frac{l_{\mathrm{h}}^0}{u_0^2}\right)_{\mathrm{R}}=1$	速度决定于高度
6	$(\Pi_{\mathrm{F}i})_{\mathrm{R}}=\left(\sum_i\left(\frac{A_{\mathrm{r}}}{A_i}\right)\left(\frac{fl}{d_{\mathrm{h}}}+K\right)_i\right)_{\mathrm{R}}=1$	满足该准则需要考虑适当调整节流系数 K，可在实际中灵活掌握
7	$\left(\sum_i\left(\frac{L_i}{A_i}\right)\right)_{\mathrm{R}}=1$	对瞬态特性有影响
8	$A_{i\mathrm{R}}=\frac{(a_i/a_0)_{\mathrm{m}}}{(a_i/a_0)_{\mathrm{p}}}=(a_i)_{\mathrm{R}}=1$	各部件的流通面积
9	$(\Pi_{\mathrm{C}})_{i\mathrm{R}}=\left(\frac{a_{\mathrm{s}}}{a_i}\right)_{\mathrm{R}}=1$	和流体之间有热量传递的金属部件的质量，应该注意沿一维方向分布相似. 6、7、8、9 需要综合考虑

续表

序号	准则	注释
10	$(\Pi_{\text{pch}})_{i\text{R}}=(q_0\xi)_{\text{R}i}\left(\dfrac{\sqrt{l_{\text{h}}^0}}{a_i}\right)_{\text{R}}=1$	决定燃料元件的表面热流密度和面积的比值. 该式意味着一维方向的功率分布曲线是相同的. 同时从该式可以推导总功率比
11	$(\Pi_{\text{d}})_{i\text{R}}=\left(\dfrac{V_{\text{g}j}}{u_0}\right)_{i\text{R}}=1$	漂移流模型的相似. 由于物性相似，则相似自动成立

符号表示如下.

A: 无量纲面积

a: 截面积， m^2

C: 原型和模型的流通截面积之比

d: 水力学当量直径， m

Fr: 弗劳德数

f: 摩擦系数

g: 当地重力加速度， m/s^2

H: 原型和模型的冷−热芯位差比值

h: 焓， kJ / kg

J: 总表观速度， m / s

K: 节流系数

L: 无量纲长度

l: 长度， m

p: 压力， MPa

q: 热流密度， kW/m^2

q^+: 无量纲热流密度

Ri: 理查森数

ρ: 密度， kg/m^3

ρ^+: 无量纲密度

S: 无量纲回路沿程

s: 回路沿程， m

T: 温度， K

t: 时间， s

U: 无量纲速度

u: 速度， m / s

V_{gj}: 漂移流速度， m / s

X: 质量含气量

β: 热膨胀率， K^{-1}

Γ_{g}: 相变率， $\text{kg}/(\text{m}^3\cdot\text{s})$

μ: 液相黏度， Pa·s

ξ: 燃料元件热周， m

τ: 无量纲时间

θ: 无量纲温度

α: 空泡系数

δ: 导热深度， m

下标表示如下.

0: 初始参数

c: 冷段

e: 出口

f: 液体

g: 气体

h: 焓，热段

i: 第 i 个构件

in: 入口

m: 混合物，模型

p: 原型

R: 比值

r: 堆芯入口参数

SP: 单相

s: 热源

sub: 过冷

TP: 两相

常用热工测量参数及仪表

第一节　温度测量及仪表

一、温度测量基本知识

(一) 温度和温标

温度是表示物体冷热程度的物理量，从微观上讲是物体分子热运动的剧烈程度. 物体的许多物理现象和化学性质都与温度有关，许多生产过程均是在一定的温度范围内进行的. 在生产过程和科学实验中，人们经常会遇到温度和温度测量的问题. 温度只能通过物体随温度变化的某些特性来间接测量，而用来度量物体温度数值的标尺叫温标标尺，简称温标. 华氏度和摄氏度都是用来计量温度的单位，世界上包括我国在内的很多国家都使用摄氏度，美国和其他一些英语国家使用华氏度. ITS-90国际温标(international temperature scale of 1990)规定热力学温度(符号为 T)是基本物理量，单位为开尔文(符号为 K)，它规定水的三相点热力学温度为 273.16K，定义 1 开尔文等于水的三相点热力学温度的 1/273.16.

(二) 温度测量仪表的分类和特点

温度测量仪表按测温方式可分为接触式和非接触式两大类，如表 3-1-1 所示. 通常来说接触式测温仪表比较简单、可靠，测量准确度较高；因测温元件与被测介质需要进行充分的热交换，需要一定的时间才能达到热平衡，所以存在测温的延迟现象，同时受耐高温材料的限制，不能应用于很高的温度测量. 非接触式测温仪表是通过热辐射原理来测量温度的，测温元件不需要与被测介质接触，测温范围广，

不受测温上限的限制，也不会破坏被测物体的温度场，反应速度一般也比较快；但受到物体的发射率、测量距离、烟尘和水汽等外界因素的影响，其测量误差较大.

温度测量仪表的准确度等级和分度值如表 3-1-2 所示.

表 3-1-1 温度测量仪表的分类

测温方式	温度计种类		常用测温范围/℃	测温原理	优点	缺点
非接触式测温仪表	辐射式	辐射式	400～2000	利用物体全辐射能随温度变化的性质	测温时，不破坏被测温度场	低温段测量不准，环境条件会影响测温准确度
		光学式	700～3200			
		比色式	900～1700			
	红外式	热敏探测	−50～3200		测温时，不破坏被测温度场，响应快，测温范围大	易受外界干扰，标定困难
		光电探测	0～3500			
		热电探测	200～2000			
接触式测温仪表	膨胀式	玻璃液体	−50～600	利用液体体积随温度变化的性质	结构简单、使用方便、测量准确、价格低廉	测量上限和准确度受玻璃质量的限制，易碎，不能记录和远传
		双金属	−80～600	利用固体热膨胀变形量随温度变化的性质	结构紧凑、牢固可靠	准确度低，量程和使用范围较窄
	压力式	液体	−30～600	利用定容气体或液体压力随温度变化的性质	耐震、坚固、防爆、价格低廉	准确度低，测温距离短，滞后明显
		气体	−20～350			
		蒸汽	0～250			
	热电偶	铂铑-铂	0～1600	利用金属的热电效应	测温范围广，准确度高，便于远距离、多点、集中测量和自动控制	需冷端温度补偿，在低温段测量准确度较低
		镍铬-镍铝(硅)	0～900			
		镍铬-考铜	0～600			
	热电阻	铂	−200～500	利用金属导体或半导体的热电阻效应	测温准确度高，便于远距离、多点、集中测量和自动控制	不能测高温，需注意环境温度的影响
		铜	−50～150			
		热敏	−50～300			

表 3-1-2 温度测量仪表的准确度等级和分度值

仪表名称	准确度等级	分度值/℃	仪表名称	准确度等级	分度值/℃
双金属温度计	1、1.5、2.5	0.5～20	光学高温计	1～1.5	5～20
压力式温度计	1、1.5、2.5	0.5～20	辐射温度计(热电堆)	1.5	5～20
玻璃液体温度计	0.5～2.5	0.1～10	部分辐射温度计	1～1.5	1～20
热电阻	0.5～3	1～10	比色温度计	1～1.5	1～20
热电偶	0.5～1	5～20	—	—	—

二、热电偶

(一)热电现象和热电偶测温原理

由两种不同的导体(或半导体)A、B 组成的闭合回路(见图 3-1-1)中，如果使两个接点 1、2 处于不同温度 t、t_0，且有 $t>t_0$，回路就会出现电动势，称为热电动势，这一现象称为热电现象，这是泽贝克在 1821 年发现的，故又称为泽贝克效应. 热电动势由温差电动势和接触电动势组成.

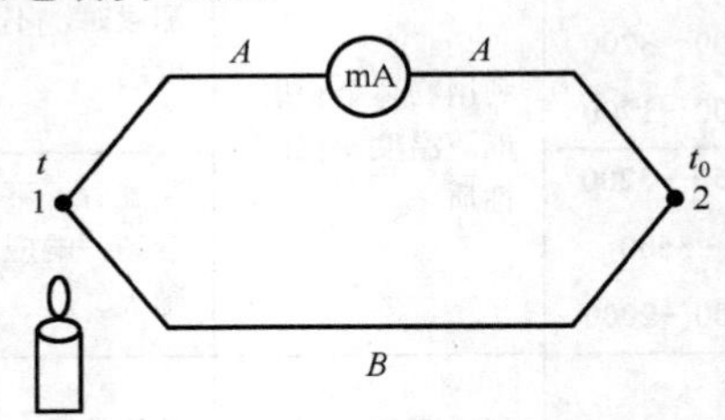

图 3-1-1 泽贝克效应示意

温差电动势(汤姆孙电动势)是一根导体上因两端温度不同而产生的热电动势. 当同一导体的两端温度不同时，高温端的电子能量比低温端的电子能量大，因而从高温端跑到低温端的电子数比从低温端跑到高温端的要多，结果，高温端因失去电子而带正电荷，低温端因得到电子而带负电荷，从而在高、低温端之间形成一个从高温端指向低温端的静电场. 该静电场阻止电子从高温端跑向低温端，同时加速电子从低温端跑向高温端，最后达到动平衡状态，即从高温端跑向低温端的电子数等于从低温端跑向高温端的电子数. 当达到动平衡状态时，在导体两端会产生一个相应的电势差，该电势差称为温差电动势. 此电动势只与导体性质和导体两端的温度有关，而与导体长度、截面大小、沿导体长度上的温度分布无关. 如均匀导体 A 两端的温度为 t 和 t_0(见图 3-1-2)，则在导体两端之间的温差电动势 e_A 为

$$e_A=\psi_A(t)-\psi_A(t_0) \tag{3-1-1}$$

其中，函数 ψ_A 的形式只与导体 A 的性质有关.

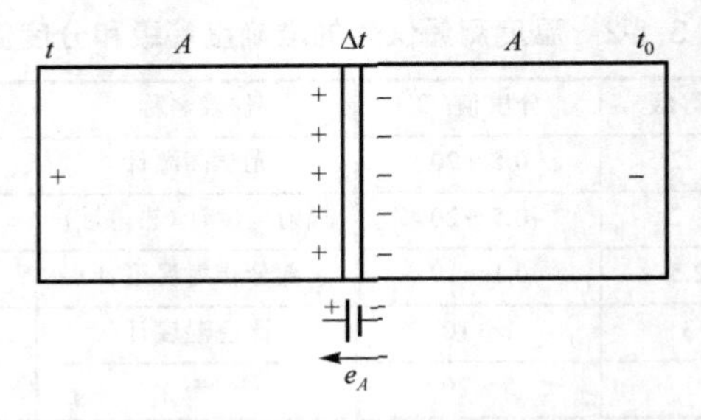

图 3-1-2 温差电动势

接触电动势(佩尔捷电动势)是在两种不同的导体 A 和 B 接触时产生的. A、B 导体有不同的电子密度，设导体 A 的电子密度 N_A 大于导体 B 的电子密度 N_B，则从 A 扩散到 B 的电子数要比从 B 扩散到 A 的多，A 因失去电子而带正电荷，B 因得到电子而带负电荷，于是在 A、B 的接触面上便形成了一个从 A 到 B 的静电场. 这个电场将阻碍电子的扩散，同时加速电子向相反方向转移，即从 B 回到 A 的电子数增多，最后达到动平衡状态. 在动平衡状态时，A、B 之间形成一个电势差，这个电势差称为接触电动势(见图 3-1-3)，其数值取决于两种不同导体的性质和接触点的温度. 如导体 A 和 B 相接触，接触点温度为 t，则接点处的接触电动势为 $\phi_{AB}(t)$，函数 $\phi_{AB}(t)$ 的形式只与 A 和 B 的性质有关.

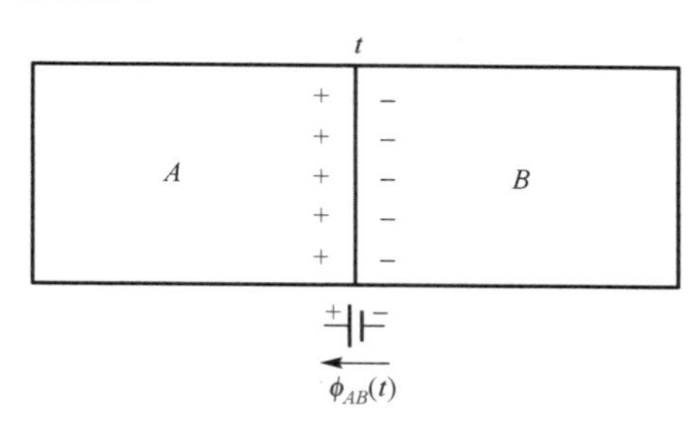

图 3-1-3　接触电动势

一个由 A、B 两种均匀导体组成的热电偶，当两个接点温度分别为 t 和 t_0（见图 3-1-4)时，按顺时针取向，热电偶产生的热电动势 $E_{AB}(t,t_0)$ 为

$$E_{AB}(t,t_0)=\phi_{AB}(t)-\psi_A(t)+\psi_A(t_0)-\phi_{AB}(t_0)+\psi_B(t)-\psi_B(t_0) \tag{3-1-2}$$

整理上式，将 t 及 t_0 的函数分开，则

$$\begin{aligned}E_{AB}(t,t_0)&=\left[\phi_{AB}(t)-\psi_A(t)+\psi_B(t)\right]-\left[\phi_{AB}(t_0)-\psi_A(t_0)+\psi_B(t_0)\right]\\&=f_{AB}(t)-f_{AB}(t_0)\end{aligned}$$

或写作

$$E_{AB}(t,t_0)=e_{AB}(t)-e_{AB}(t_0) \tag{3-1-3}$$

式中，$E_{AB}(t,t_0)$ 为总的热电动势；A、B 为产生热电动势的两种导体(或半导体)；t、t_0 为两接点的温度；$e_{AB}(t)$、$e_{AB}(t_0)$ 为接触电动势、温差电动势二者合成的分电动势，它只与 A、B 材料的性质及温度 t、t_0 有关. 下角的顺序表示电动势的方向是由前者指向后者，若下标的顺序变更，e 前面的符号也就要改变，例如 $e_{AB}(t)=-e_{BA}(t)$.

若使热电偶的一个接点温度 t_0 保持不变，则式(3-1-3)中的 $e_{AB}(t_0)$ 项也不变，可视为常数 C，这时式(3-1-3)可写成

$$E_{AB}(t,t_0)=e_{AB}(t)-C \tag{3-1-4}$$

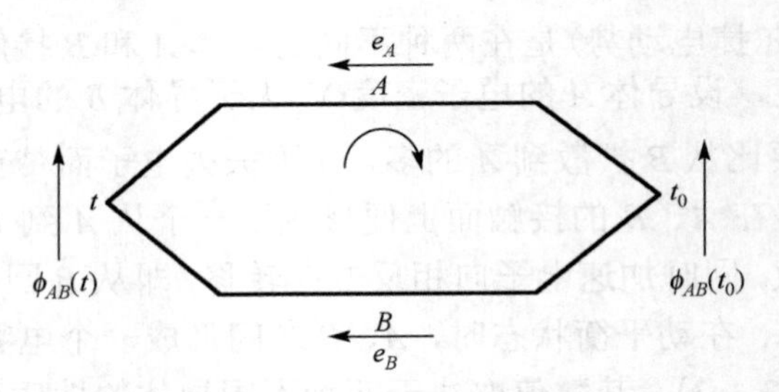

图 3-1-4 热电偶回路

即热电偶所产生的热电动势$E_{AB}(t,t_0)$只和温度t有关. 因此，测量热电动势的大小，就可求得温度 t 的值，这就是用热电偶测量温度的工作原理. 组成热电偶的两种导体，称为热电极. 通常把t_0端称为热电偶的参考端、自由端或冷端（以下统称为冷端），而t端称为测量端、工作端或热端(以下统称为热端). 如果在冷端电流从导体A流向导体B，则A称为正热电极，B称为负热电极.

(二)热电偶的基本定律

在使用热电偶测量温度时，需要应用关于热电偶的三条基本定律，它们已由实验所确立，分述如下.

1. 均质导体定律

由一种均质导体(或半导体)组成的闭合回路，不论导体(或半导体)的截面积如何以及各处的温度分布如何，都不能产生热电动势. 由此定律可以得到如下的结论：

(1)热电偶必须由两种不同性质的材料构成.

(2)由一种材料组成的闭合回路存在温差时，若回路产生热电动势，便说明该材料是不均匀的. 据此，可检查热电极材料的均匀性.

2. 中间导体定律

由不同材料组成的闭合回路中，若各种材料接触点的温度都相同，则回路中热电动势的总和等于零. 由此定律可以得到如下的结论：

(1)在热电偶回路中加入第三种均质材料，只要它的两端温度相同，对回路的热电动势就没有影响. 如图 3-1-5 所示，利用热电偶测温时，只要热电偶连接显示仪表的两个接点的温度相同，那么仪表的接入对热电偶的热电动势没有影响. 而且对于任何热电偶接点，只要它接触良好，温度均一，不论用何种方法构成接点，都不影响热电偶回路的热电动势. 如对图 3-1-5(a)可以写出回路热电动势

$$\begin{aligned}E_{ABC}(t,t_1,t_0) &= e_{AB}(t)+e_{BC}(t_1)+e_{CB}(t_1)+e_{BA}(t_0)\\ &= e_{AB}(t)+e_{BA}(t_0)\\ &= E_{AB}(t,t_0)\end{aligned} \quad (3\text{-}1\text{-}5)$$

由图 3-1-5(b)，可以写出回路热电动势为

$$E_{ABC}(t,t_1,t_0)=e_{AB}(t)+e_{BC}(t_0)+e_{CA}(t_0) \tag{3-1-6}$$

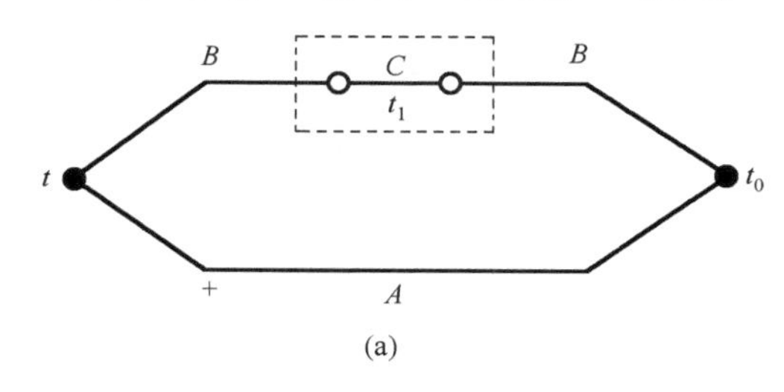

(a)

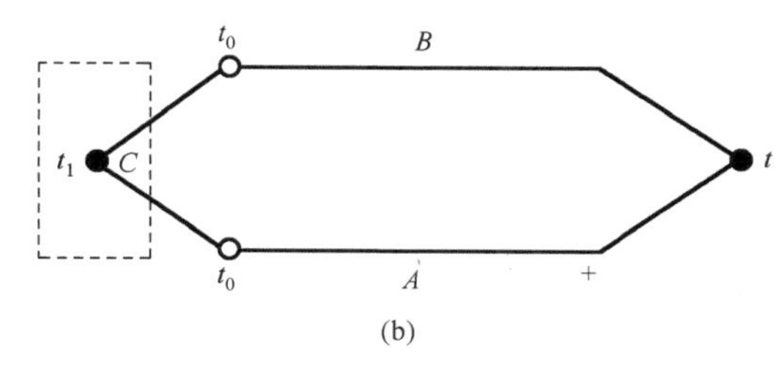

(b)

图 3-1-5　在热电偶回路中插入第三种均质材料示意图

若设 $t=t_1=t_0$，则根据本定律可得

$$e_{AB}(t_0)+e_{BC}(t_0)+e_{Ci}(t_0)=0 \tag{3-1-7}$$

将此关系代入式(3-1-6)，可得

$$E_{ABC}(t,t_1,t_0)=e_{AB}(t)-e_{AB}(t_0)=E_{AB}(t,t_0) \tag{3-1-8}$$

以上两种形式的热电偶回路，都可证明本结论是正确的.

(2) 如果两种导体 A、B 对另一种参考导体 C 的热电动势为已知，则这两种导体组成热电偶的热电动势是它们对参考导体热电动势的代数和(见图 3-1-6). 例如，若把图 3-1-6(a)、(b)改画成(c)形式，则回路的热电动势可写成

$$E_{AC}(t,t_0)+E_{CB}(t,t_0)=e_{AC}(t)+e_{CB}(t)+e_{BA}(t_0) \tag{3-1-9}$$

同样应用本定律，可得

$$e_{AC}(t)+e_{CB}(t)+e_{BA}(t)=0 \tag{3-1-10}$$

即

$$e_{AC}(t)+e_{CB}(t)=-e_{BA}(t)=e_{AB}(t) \tag{3-1-11}$$

由此可得

$$E_{AC}(t,t_0)+E_{CB}(t,t_0)=e_{AB}(t)+e_{BA}(t_0)=E_{AB}(t,t_0) \tag{3-1-12}$$

这个结论大大简化了热电偶的选配工作. 参考导体也称标准电极. 因为铂的物理性能和化学性能稳定、熔点高、易提纯、复制性好，所以标准电极常用纯铂丝制

作. 只要取得一些热电极与标准铝电极配对的热电动势，其中任何两种热电极配对时的热电动势就可通过计算求得.

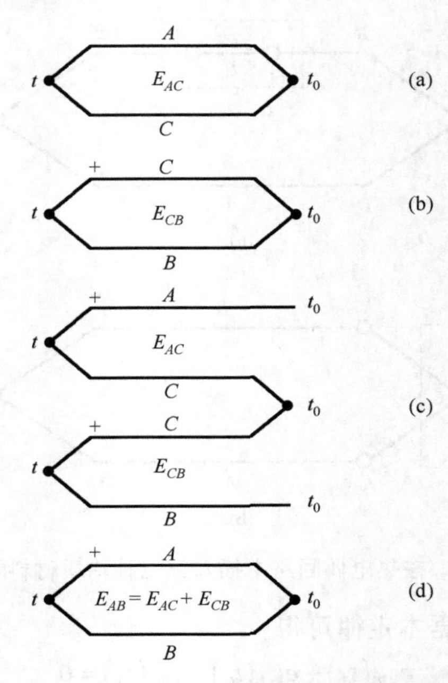

图 3-1-6　参考导体热电动势的代数和

3. 连接温度(或中间温度)定律

接点温度为 t_1 和 t_3 的热电偶，它的热电动势等于接点温度分别为 t_1、t_2 和 t_2、t_3 的两支同性质热电偶的热电动势的代数和，如图 3-1-7 所示，可以写出它的热电动势

$$\begin{aligned}E_{AB}(t_1,t_2)+E_{AB}(t_2,t_3)&=e_{AB}(t_1)+e_{BA}(t_2)+e_{AB}(t_2)+e_{BA}(t_3)\\&=e_{AB}(t_1)+e_{BA}(t_3)\\&=E_{AB}(t_1,t_3)\end{aligned}\tag{3-1-13}$$

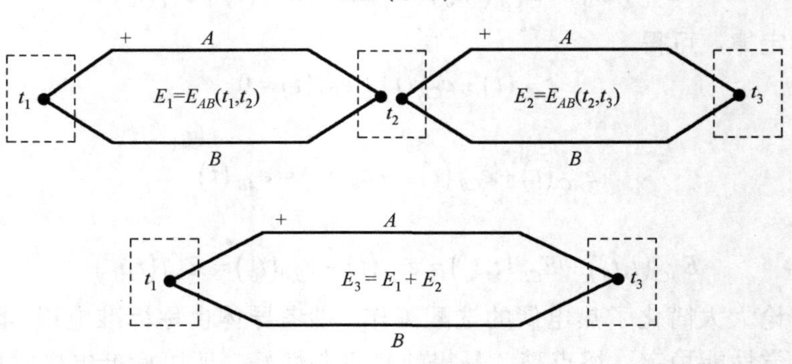

图 3-1-7　中间温度定律

由此定律可以得到如下结论：

(1) 已知热电偶在某一给定冷端温度下进行的分度，只要引入适当的修正，就可在另外的冷端温度下使用. 这就为制定热电偶的热电动势-温度关系分度表奠定了理论基础.

(2) 与热电偶具有同样热电性质的补偿导线可以引入热电偶的回路中，相当于把热电偶延长而不影响热电偶应有的热电动势，这就为工业测温中应用补偿导线提供了理论依据.

在测温时，为了使热电偶的冷端温度保持恒定，可以把热电偶做得很长，使冷端远离热端，并连同测量仪表一起放置到恒温或温度波动较小的地方(如集中控制室). 但这种方法要耗费许多贵重的热电极材料，因此，一般是用一种补偿导线和热电偶的冷端相连接(见图 3-1-8)，这种补偿导线是两种不同的金属材料，它在一定的温度范围内(0～100℃)和所连接的热电偶具有相同的热电性质，可用它们来做热电偶的延伸线. 我国规定补偿导线分为补偿型和延伸型两种. 补偿型补偿导线的材料与对应的热电偶不同，它是使用便宜的金属制成的，但在低温下它们的热电性质是相同的. 延伸型补偿导线的材料与对应的热电偶相同，但其热电性能的准确度要求略低. 补偿导线的结构与电缆一样，有单芯、双芯等；芯线又分单股硬线和多股软线；芯线外为绝缘层和保护层，有的还有屏蔽层. 根据补偿导线所耐环境温度的不同，又可分为一般用和耐热用两种. 根据补偿导线热电动势的允许误差大小又可分普通级和精密级两种. 一般而言，补偿导线电阻率较小，线径较粗，有利于减小热电偶回路的电阻.

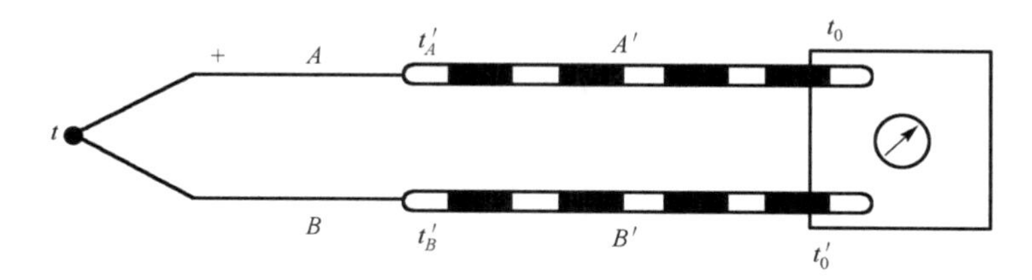

图 3-1-8　补偿导线在测温回路中的连接

A、B-热电偶热电极；A'、B'-补偿导线；t_0'-热点偶原冷端温度；t_0-新冷端温度

(三) 热电偶的结构

常用的普通型热电偶本体是一端焊接的两根金属丝(热电极). 考虑到两根热电极之间的电气绝缘和防止有害介质侵蚀热电极，在工业上使用的热电偶一般都有绝缘管和保护套管. 在个别情况下，如果被测介质对热电偶不会发生侵蚀作用，也可不用保护套管，以减小接触测温误差与滞后.

1. 热电极

热电极的直径由材料的价格、机械强度、电导率以及热电偶的用途和测量范围等决定. 贵金属热电极的直径一般是 0.3～0.65mm；贱金属热电极的直径一般是 0.5～3.2mm. 热电偶的长度根据热端在介质中的插入深度来决定，通常为 350～2000mm.

热电偶热端通常采用焊接的方式连接. 为了减小热传导误差和滞后，焊点宜小，焊点直径应不超过两倍热电极直径. 焊点的形式有点焊、对焊、绞状点焊等多种，如图 3-1-9 所示.

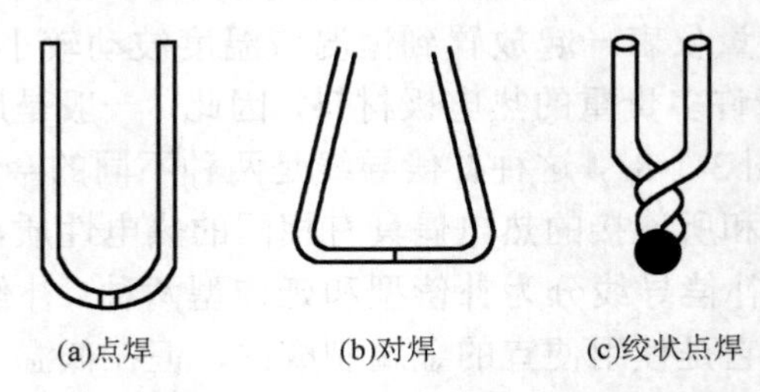

图 3-1-9 热电偶热端焊点的形式

2. 绝缘材料

热电偶的两根热电极要很好地绝缘，以防短路. 在低温下可用橡胶、塑料等绝缘材料；在高温下采用氧化铝、陶瓷等制成圆形或椭圆形的绝缘管，套在热电极上. 绝缘管的形状见图 3-1-10，常用的绝缘材料见表 3-1-3.

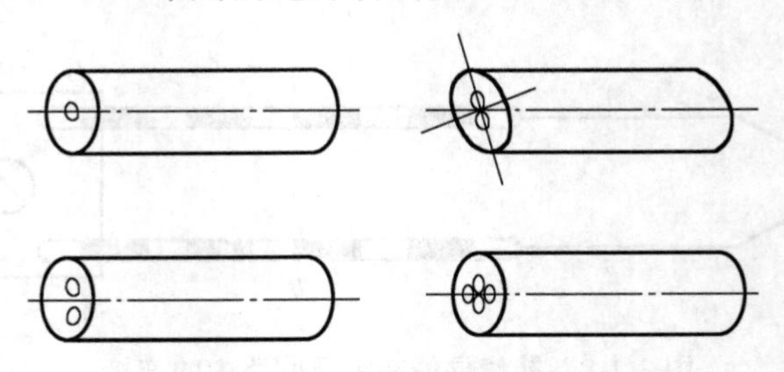

图 3-1-10 绝缘管外形

表 3-1-3 绝缘材料

名称	长期使用的温度上限/℃	名称	长期使用的温度上限/℃
天然橡胶	60～80	石英	1100
聚乙烯	80	陶瓷	1200
聚四氟乙烯	250	氧化铝	1600
玻璃和玻璃纤维	400	氧化镁	2000

3. 保护套管

为了防止热电极遭受化学腐蚀和机械损伤，热电偶通常都是装在密封并带有接线盒的保护套管内. 接线盒内有连接热电极的两个接线柱，以便连接补偿导线或普通导线. 对保护套管材料的要求是能承受温度的剧变、耐腐蚀、有良好的气密性和足够的机械强度、有高的热导率，以及在高温下不产生对热电极有害的气体. 目前还没有一种材料能同时满足上述要求，因此应根据具体工作条件选择保护套管的材料. 常用的保护套管材料及其所耐温度见表 3-1-4.

表 3-1-4 热电偶用保护套管材料及其所耐温度

材料名称(金属)	所耐温度/℃	材料名称(非金属)	所耐温度/℃
铜	350	石英	1100
20 号碳钢	600	高温陶瓷	1300
1Cr18Ni9Ti 不锈钢	870	高纯氧化铝	1700
镍铬合金	1150	氮化硼	3000(还原性气氛)

常用保护套管主要用于测量气体、蒸汽和液体等介质的热电偶. 按其安装时的连接形式可分为螺纹连接和法兰连接两种；按其使用时被测介质的压力大小可分为密封常压式和高压固定螺纹式两种，可根据使用情况选择适当的形式. 热电偶测温时的时间常数随保护套管的材料及直径而变化.

4. 接线盒

接线盒中有接线端子，它将热电极和连接导线连接起来. 接线盒起密封和保护接线端子的作用. 它有普通式、防溅式、防水式、隔爆式和插座式等.

(四)热电偶冷端温度补偿方法

从热电偶的测温原理可知，热电偶热电动势的大小不仅与热端温度有关，还与冷端温度有关. 只有在冷端温度恒定的情况下，热电动势才能正确反映热端温度的高低. 在实际应用时，热电偶的冷端放置在距热端很近的大气中，受高温设备和环境温度波动的影响较大，因此冷端温度不可能是恒定值. 为消除冷端温度变化对测量的影响，可采用下述几种冷端温度补偿的方法.

1. 计算法

各种热电偶的分度关系是在冷端温度为 0℃的情况下得到的. 如果测温热电偶的热端温度为 t (℃)，当冷端温度不是 0℃而是 t_0 (℃)时，不能用测得的 $E(t,t_0)$ 去查分度表得 t，而应该根据式(3-1-13)计算热端为 t (℃)、冷端为 0℃时的热电势，即

$$E(t,0)=E(t,t_0)+E(t_0,0) \tag{3-1-14}$$

式中，$E(t,0)$ 为冷端温度为 0℃、热端温度为 t (℃)时的热电势；$E(t,t_0)$ 为冷端温度为 t_0 (℃)、热端温度为 t (℃)时的热电势，即实测值；$E(t_0,0)$ 为当冷端温度为 t_0 (℃)

时应加的校正值，它相当于同一支热电偶在冷端温度为 0℃，热端温度为t_0（℃）的热电势，该值可以从热电偶分度表中查得. 然后用$E(t,0)$从分度表中查得温度t，t就是通过计算法补偿了冷端温度不在 0℃所产生的电动势后得到的热端温度. 目前测控系统中，温度信号采集后一般用该方法补偿. 用计算法来补偿冷端温度变化的影响适用于实验室测温，对于现场使用的直读式仪表测温，用此方法补偿是很不方便的.

2. 冰点槽法

如果在测温时将热电偶冷端置于 0℃下，就不需要进行冷端温度补偿，这时需要设置一个温度恒为 0℃的冰点槽. 图 3-1-11 所示的是一个简单的冰点槽，把清洁水制成冰屑，冰屑与清洁水相混合后放在保温瓶中. 在一个标准大气压下，冰和水的平衡温度就是 0℃. 在瓶盖上插进几根盛有变压器油的试管，将热电偶的冷端插到试管里，加变压器油的目的是保证传热性能良好。

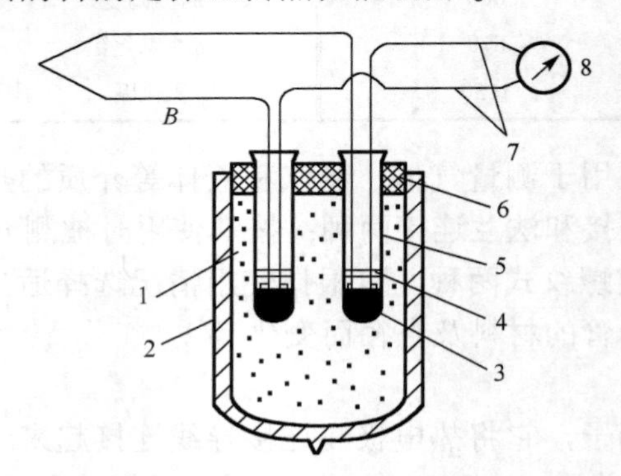

图 3-1-11　简单的冰点槽

1-水混合体；2-保温瓶；3-变压器油；4-蒸馏水；5-试管；6-盖；7-铜导线；8-显示仪表

冰点槽法是一个准确度很高的冷端温度处理方法，然而需要保持冰水两相共存，使用起来比较麻烦，因此只用于实验室，工业生产中一般不采用.

3. 补偿电桥法(冷端补偿器)

补偿电桥法是利用不平衡电桥产生的电压来补偿热电偶冷端温度变化而引起的热电动势的变化.

冷端温度补偿电桥是一个不平衡电桥，其线路如图 3-1-12 所示. 桥臂电阻R_1、R_2、R_3和R_{Cu}与热电偶冷端处于相同的环境温度下，其中$R_1 = R_2 = R_3 = 1\Omega$，且都是锰铜线绕电阻，$R_{Cu}$是铜导线绕制的补偿电阻. E(=4V)是桥路直流电源；R_s是限流电阻，其阻值因热电偶不同而不同. 选择R_{Cu}的阻值使桥路在 20℃时处于平衡状态，即$R_{Cu}^{20} = 1\Omega$，此时桥路输出U_{ab}=0. 当冷端温度升高时，R_{Cu}增大，U_{ab}也增大，而热电偶的热电动势E_X却减小. 如果U_{ab}的增加量等于E_X的减少量，那么U_{AB}（$U_{AB} = E_X + U_{ab}$）的大小就不随冷端温度变化了.

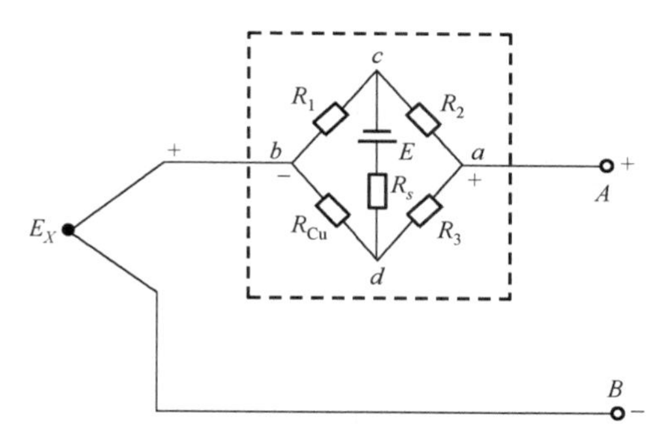

图 3-1-12　冷端温度补偿电路

通过改变限流电阻 R_s 的阻值来改变流过桥臂的电流，可使补偿电桥与不同类型的热电偶配合使用.

我国生产的冷端补偿器的性能见表 3-1-5. 如果电桥平衡时的温度为 20℃，则冷端温度 t_Q=20℃. 在使用时，与其配接的动圈表的机械零点应调至 20℃. 与热电偶配接的温度变送器及电子自动电势差计中也有温度补偿电路，而且就作为仪表测量线路的一部分，它们都是将热电偶的冷端温度补偿至 0℃.

表 3-1-5　几种常用的冷端补偿器及其性能

型号	配用热电偶	电桥平衡时温度/℃	补偿范围/℃	电源/V	内阻/Ω	功耗	外形尺寸（长×宽×高）	补偿误差/mV
WBC-01	铂铑 10-铂	20	0～50	0～220	1	＜8W	220mm×113mm×72mm	±0.045
WBC-02	镍铬-镍硅 镍铬-镍铝							±0.16
WBC-03	镍铬-考铜							±0.18

注：WBC01、WBC02、WBC03 型带有使交流（220V）变为直流（4V）的直流稳压装置.

4. 多点冷端温度补偿法

为了减少仪表数量，在同一设备或同一车间里，可利用多点切换开关把几支甚至几十支同一分度号的热电偶接到一块仪表上，这时只需要用一个公共的冷端补偿器. 还有一个办法如图 3-1-13 所示，即把所有热电偶的冷端引到一个接线端子盒里，在这个盒子里放置着补偿热电偶的热端. 补偿热电偶可以是一支测温热电偶或是用测温热电偶的补偿导线制成的热电偶. 补偿热电偶和测温热电偶通过切换开关和仪表串接起来，使冷端温度变化引起测温热电偶和补偿热电偶的热电动势变化相互补偿. 此时动圈表的机械零点应调整到补偿热电偶较为恒定的冷端温度处，也可以把数支热电偶的冷端引到一个加热的恒温器内，恒温器用电阻丝加热，用水银接点温度计测温，且控制恒温器在某一恒定温度（50℃或 60℃），此时与之配接的动圈表的机械零点应调至恒温箱的恒定温度处.

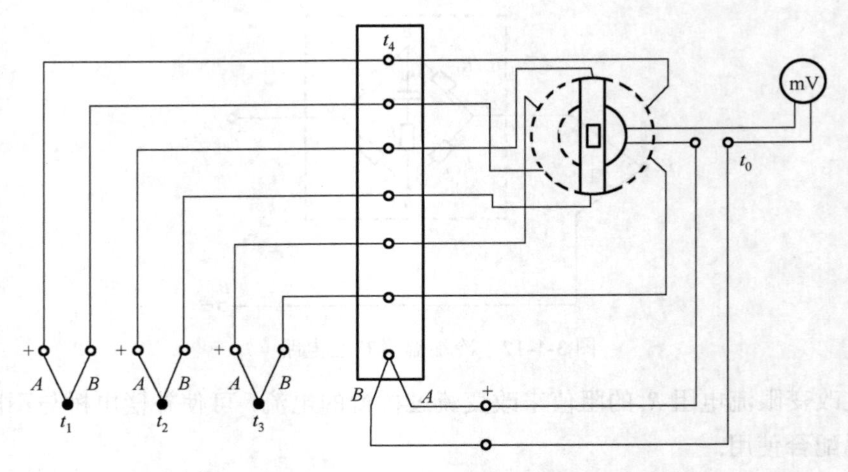

图 3-1-13 多点冷端温度补偿电路

5. 晶体管 PN 结温度补偿法

目前国内外还有采用温敏二极管或温敏晶体管构成的热电偶冷端温度补偿器. 根据测得的环境温度，将一个相应的 PN 结上的电压引入热电偶回路，这种温度补偿的灵敏度和准确度都很高.

(五) 热电偶的安装

热电偶安装时应注意有利于测温准确、安全可靠及维修方便，而且不影响设备运行和生产操作.

为了使热电偶热端与被测介质之间有充分的热交换，应合理选择测点位置，不能在门、弯头、管道和设备的死角附近装设热电偶. 带有保护套管的热电偶有传热和散热的损失，这会引起测量误差. 为了减少这种误差，热电偶应插入足够的深度. 对于测量管道中流体温度的热电偶(包括热电阻和膨胀式压力表式温度计)，一般都应将其测量端插入管道中，即装设在被测流体最高流速处，如图 3-1-14(a)、(b)、(c)所示. 测量高温高压和高速流体(如主蒸汽)的温度时，为了减小保护套对流体的阻力和防止保护套在流体作用下发生断裂，可采取保护管浅插方式或采用热套式热电偶装设结构. 浅插方式的热电偶保护套管，其插入主蒸汽管道的深度应不小于 75mm；热套式热电偶的标准插入深度为 100mm. 当测温元件插入深度超过 1m 时，应尽可能垂直安装，否则应有防止保护套管弯曲的措施，例如加装支撑架(见图 3-1-14(d))或加装保护套管.

在负压管道或设备上安装热电偶时，应保证其密封性. 热电偶安装后应进行补充保温，以防因散热而影响测温的准确性. 在含有尘粒、粉物的介质中安装热电偶时，应加装保护屏(如煤粉管道)，防止介质磨损保护套管. 热电偶的接线盒不可与

被测介质管道的管壁相接触，保证接线盒内的温度不超过 0～100℃范围．接线盒的出线孔应朝下安装，以防因密封不良，水汽、灰尘与脏物等沉积造成接线端子短路．

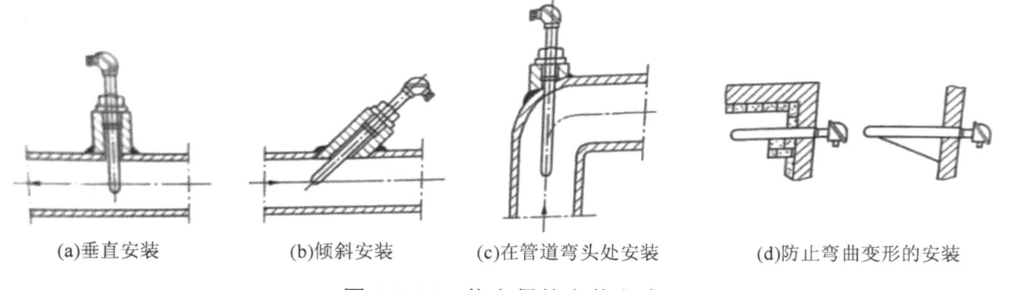

图 3-1-14　热电偶的安装方式

（六）壁面温度测量

壁面温度测量问题在工业上遇到得比较多，例如，火力发电厂中的锅炉过热器管壁温度的监视，对大型锅炉的安全运行是不可缺少的．

目前多采用热电偶来测量固体表面温度，这是由于热电偶有较宽的测温范围、较小的测量端，能测量“点”的温度，而且测温的准确度也较高．

进行表面温度测量的热电偶与被测表面的接触形式基本上有四种，如图 3-1-15 所示．

图 3-1-15(a)为点接触，即热电偶的热端直接与被测表面相接触；

图 3-1-15(b)为面接触，即先将热电偶的热端与导热性能良好的金属片（如铜片）焊在一起，然后使金属片与被测表面紧密接触；

图 3-1-15(c)为等温线接触，热电偶的热端与被测表面直接接触，热电极从热端引出时沿表面等温敷设一段距离（约 50 倍热电极直径）后引出，热电极与表面之间用绝缘材料隔开（被测表面若是非导体除外）；

图 3-1-15(d)为分立接触，两热电极分别与被测表面接触，通过被测表面（仅对导体而言）构成回路．

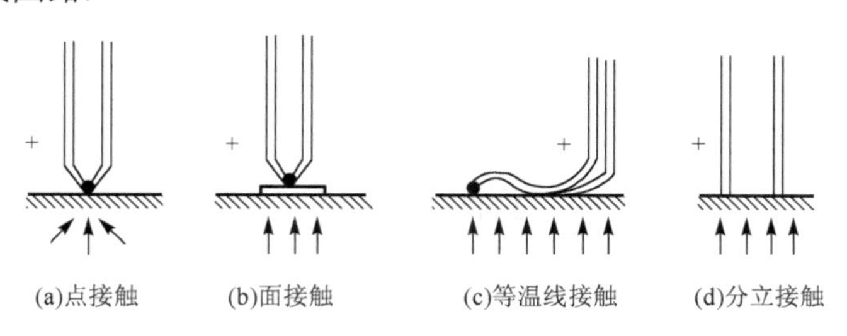

图 3-1-15　表面热电偶的焊接形式

通常用焊接方法使热电偶热端固定于被测表面，如图 3-1-16 所示为三种常用的焊接形式.

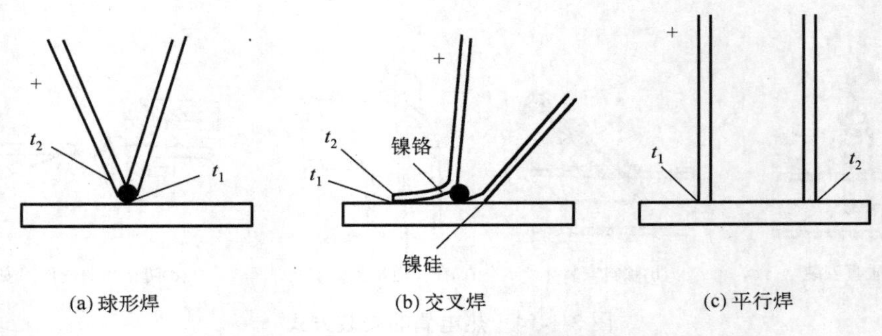

图 3-1-16　表面热电偶的焊接形式

第二节　压力测量及仪表

一、压力测量基本知识

(一) 压力测量的意义

压力是工质热力状态的主要参数之一. 在热力发电厂中需要测量压力和差压的部位有很多，待测压力范围很宽，为 10^3Pa～24MPa. 保证压力测量的准确性对于机组安全、经济运行有重要的意义. 例如，给水压力、汽包压力、主蒸汽压力、凝汽器真空、各处油压和烟风道压力等，都是运行中需要连续监视的重要参数. 此外，差压测量还广泛应用在液位和流量测量中.

(二) 压力的概念和单位

压力的定义是单位面积上垂直作用的力，所以它的单位是力单位/面积单位. 国际单位制中的压力单位是 N/m^2 (牛/米^2)，称为帕斯卡(Pascal)，简称帕，符号为 Pa. 以前采用过的压力单位有毫米汞柱、毫米水柱和工程大气压(公斤力/厘米^2)等. 各种压力单位间的换算关系见表 3-2-1.

表 3-2-1　各种压力单位的换算关系

压力单位	Pa	kgf/cm^2	mmH_2O	mmHg	mbar	atm
1Pa	1	1.02×10^{-5}	0.102	7.501×10^{-3}	10^{-2}	9.87×10^{-6}
$1kgf/cm^2$	9.806×10^4	1	10^4	735.56	980.6	0.9678

续表

压力单位	Pa	kgf/cm^2	mmH_2O	mmHg	mbar	atm
$1mmH_2O$	9.806	10^4	1	7.3556×10^{-2}	9.806×10^{-2}	0.9678×10^{-4}
1mmHg	133.3	13.6×10^{-4}	13.6	1	1.333	1.316×10^{-3}
1mbar	100	0.102×10^{-2}	10.2	0.7501	1	9.87×10^{-4}
1atm	10.13×10^4	1.033	1.033×10^4	760	1013	1

注：表中 mmH_2O 值是按水温 4℃和重力加速度为 $9.80665m/s^2$ 计算的，mmHg 值是按水银温度为 0℃和重力加速度为 $9.80665m/s^2$ 计算的.

应该注意，工程上所用压力计的指示值是“计示压力”或称“表压力”，即压力计的读数是被测绝对压力与当地大气压力之差，即

$$绝对压力=表压力+大气压力$$

当绝对压力低于大气压力时，表压力为负值. 通常把绝对压力高于大气压力时的表压力称为正压力，简称压力；低于大气压力时的表压力称为负压，负压的绝对值也称真空. 但在差压测量中，习惯把较高的一侧压力称为正压，较低的一侧压力称为负压，而这个负压并不一定低于大气压力，与前述不应混淆.

（三）常用压力仪表的分类

测量压力和真空的仪表，按照信号转换原理的不同，大致可分为以下几种.

1. *液柱式压力计*

根据液体静力学原理，被测压力与一定高度的工作液体产生的重力相平衡，可将被测压力转换成液柱高度差进行测量. 例如，U 形管压力计、单管压力计、斜管压力计等. 这类压力计的特点是结构简单、读数直观、价格低廉，但一般为就地测量，信号不能远传；可以测量压力、负压和压差；适合于低压测量，测量上限不超过 0.1～0.2MPa；准确度通常为±0.02%～±0.15%.准确度高的液柱式压力计可用作基准器.

2. *机械力平衡方法*

这种方法是将被测压力经变换元件转换成一个集中力，用外力与之平衡，通过测量平衡时的外力可以测得被测压力. 力平衡式仪表可以达到较高的准确度，但是结构复杂. 这种类型的压力、差压变送器在电动组合仪表和气动组合仪表系列中有较多的应用.

3. *弹性力平衡方法*

此种方法利用弹性元件的弹性变形特性进行测量. 被测压力使测压弹性元件产生变形，因弹性变形而产生的弹性力与被测压力相平衡，测量弹性元件的变形大小可知被测压力. 此类压力计有多种类型，可以测量压力、负压、绝对压力和压差，应用广泛. 例如，弹簧管压力计、波纹管压力计和膜盒式压力计等.

4. 物性测量方法

基于在压力的作用下，测压元件的某些物理特性发生变化的原理.

(1) 电测式压力计.

利用测压元件的压阻、压电等特性或其他物理特性，可将被测压力直接转换成各种电量来测量. 如电容式变送器、扩散硅式变送器等.

(2) 其他新型压力计.

如集成式压力计、光纤压力计等.

二、液柱式压力计

(一) U 形管压力计

用 U 形管测压的原理如图 3-2-1 所示. 根据流体静力学原理，通入 U 形管的差压或压力与液柱高度差 h 有如下关系：

$$\begin{aligned}\Delta p = p_1 - p_2 &= h(\rho_1 - \rho_2)g \\ &= (h_1 + h_2)(\rho_1 - \rho_2)g\end{aligned} \tag{3-2-1}$$

式中，ρ_1、ρ_2 为 U 形管中所充封液密度和封液上面的介质密度，常见封液在不同温度下的密度见表 3-2-2；h 为两肘管中封液的高度差，$h = h_1 + h_2$；g 为重力加速度.

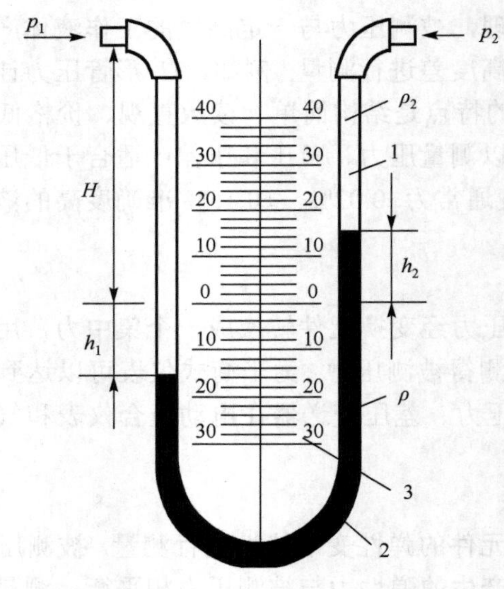

图 3-2-1　U 形管压力计原理图

1-U 形玻璃管；2-工作液；3-刻度尺

表 3-2-2 常用封液在不同温度下的密度

封液名称	化学式	在以下温度下的密度 $\rho/(\times10^{-3}\mathrm{kg/m^3})$					
		10℃	15℃	20℃	25℃	30℃	35℃
酒精	C_2H_5OH	0.187	0.813	0.809	0.804	0.800	0.796
水	H_2O	1.000	0.999	0.998	0.997	0.996	0.994
四氯化碳	CCl_4	—	1.605	1.595	1.585	—	—
三溴甲烷	CH_4Br_3	2.920	2.904	2.890	2.878	2.868	—
水银	Hg	13.57	13.56	13.55	13.53	13.52	13.51

U 形管内径一般为 5～20mm，为了减小毛细现象对测量准确度的影响，内径最好不小于 10mm.

当标尺分格值为 1mm 时，两次液面高度读数的总绝对误差可估计为 2mm，因此当被测差压很低时，液柱高度差很小，读数的相对误差就很大了，此时应选择密度更小的封液，以增大肘管中的液柱高度差，或者使用斜管式微压计等. 常用的差压计封液有水、水银、四氯化碳等.

使用时应注意保持 U 形管垂直，否则会引起误差；读数时眼睛应与液面平齐，以封液弯月面顶部切线为准读取液面高度.

(二) 单管式压力计

U 形管压力计需要读两个液面高度，使用不便. 常把 U 形管的一边肘管换成大截面容器，成为单管压力计，如图 3-2-2 所示. 由于压力计中封液体积为常数，因此存在以下关系：

$$h_2 f = h_1 A \tag{3-2-2}$$

式中，f、A 为肘管截面积和大容器截面积；h_1、h_2 为封液在肘管中上升和大容器中下降的高度.

所测差压 Δp 可表示为

$$\Delta p = p_1 - p_2 = (h_1 + h_2)(\rho_1 - \rho_2)g = h_2\left(1+\frac{f}{A}\right)(\rho_1 - \rho_2)g \tag{3-2-3}$$

当 f、A 一定时，系数 $1+\frac{f}{A}$ 为常数；选定封液后，封液密度 ρ_1 和封液上面的介质密度 ρ_2 为定值，因此只要读取肘管中液面上升高度 h_2 就可测得差压值 Δp，一般将 $\frac{f}{A}$ 值定得很小，使 $1+\frac{f}{A}$ 值近于 1. 例如，当肘管直径为 5mm，大容器内径为 150mm 时，$\frac{f}{A}=(5/150)^2=1/900$，此时 h_1 可以忽略，被测介质为气体时 ρ_2 也可忽略.

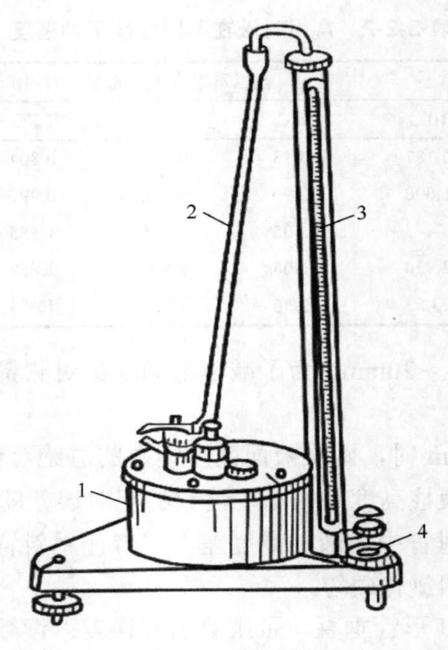

图 3-2-2　单管压力计

1-宽容器；2-带标尺的肘管；3-连通器；4-水准泡

若将数根肘管连至同一个大截面容器，则成为多管式压力计，电厂常用它来测量炉膛和烟道各处的负压. 大容器通大气，各肘管连至各段烟道测点，此时各肘管中的液柱高度即代表各处的负压.

(三)斜管式微压计

在热力实验中，常用斜管式微压计来测量微小的正压、负压和差压. 如图 3-2-3 所示为斜管式微压计原理. 测量正压时被测压力通入大容器；测量负压时，被测压力通入肘管；测量差压时，将较高的压力通入大容器而将较低的压力通入肘管. 在差压的作用下，倾斜角为 α 的斜管中的封液液面升高了 h_2，大容器内液面下降了 h_1，所以

$$\Delta p = p_1 - p_2 = (h_1 + h_2)(\rho_1 - \rho_2) g \tag{3-2-4}$$

由于微压计一般用于测量气体，故 ρ_2 可略去；另外，考虑到封液在倾斜肘管中的长度 l 和 h_1 的关系，以及表计中封液体积一定，即

$$h_2 = l\sin\alpha, \quad h_1 = l\frac{f}{F} = l\left(\frac{d^2}{D^2}\right) \tag{3-2-5}$$

式中，f、d 为斜管截面积和内径；F、D 为大截面容器截面积和内径.

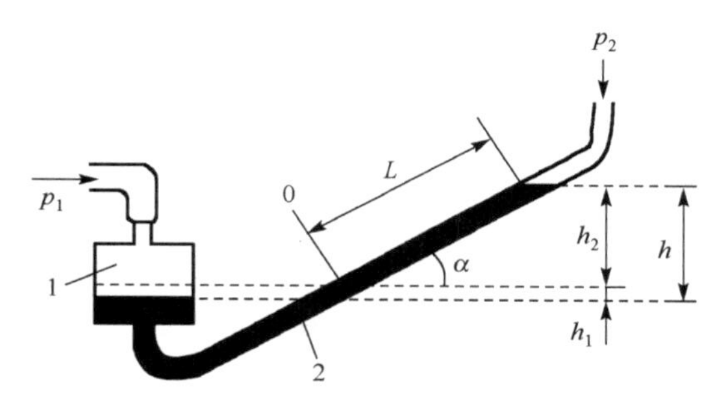

图 3-2-3　斜管式微压计原理

1-宽容器；2-倾斜肘管

所以

$$\Delta p = l\left(\sin\alpha + \frac{d^2}{D^2}\right)\rho_1 g = Kl \tag{3-2-6}$$

式中，K 为系数，$K = \rho_1 g\left(\sin\alpha + \dfrac{d^2}{D^2}\right)$. d、D 和所用封液密度 ρ_1 都为定值，若倾斜角 α 也一定，则 K 为常数，这时可以读得 l 的数值表示被测差压 Δp . 因为 l 比 h_1 放大了 $1/\sin\alpha$ 倍，故读数的相对误差减小. 改变肘管的倾斜角 α 即改变值 K，以适应不同的测量范围. 但 α 不得小于 15°，α 过小，斜管内液面拉长，且易冲散，反而影响读数的准确性. 斜管式微压计的使用范围一般为 100～2500Pa.

如图 3-2-4 所示为可变倾角的斜管式微压计. 封液为酒精，支架上相应于不同的倾角 α 处刻有 0.1、0.2、0.3、0.4、0.6、0.8 等数字，它们就是相应倾角对应的系数 K 值. 测量结果以 Pa 为单位，所用封液密度应符合仪表规定的数值.

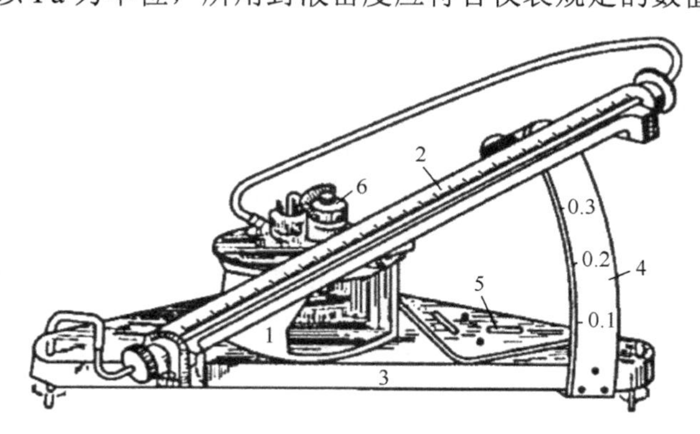

图 3-2-4　可变倾角的斜管式微压计

1-宽容器；2-倾斜肘管和尺寸；3-底板；4-斜管的支架；5-水准泡；6-调节零点螺丝

三、弹性式压力计

(一)弹性元件的特性

1. 弹性特性

弹性元件在负荷(压力、力或力矩)的作用下，产生相应的变形(位移或转角)，此变形与负荷之间的关系称为弹性元件的弹性特性，它可用下式表示：

$$s = f(p),\quad s = f(F),\quad \varphi = f(M) \tag{3-2-7}$$

式中，s为弹性元件的位移；φ为弹性元件的转角；p、F、M为作用在弹性元件上的压力、力和力矩.

弹性特性也可用曲线表示，如图 3-2-5 所示. 它可能是线性的(如曲线 1，弹簧管的特性曲线属此类)，也可能是非线性的(如曲线 2 或 3，膜片、膜盒的特性曲线属此类).

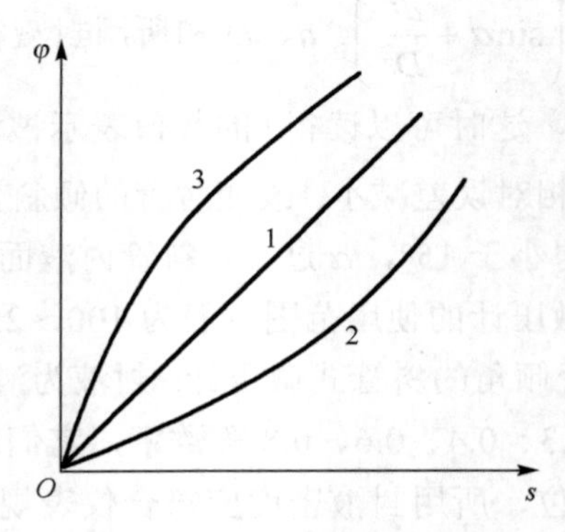

图 3-2-5 弹性特性示意图

2. 刚度和灵敏度

使弹性元件产生单位变形所需要的负荷称为弹性元件的刚度，用符号 K 表示. 反之，在单位负荷作用下产生的变形称为弹性元件的灵敏度，用符号 S 表示. 弹性元件的刚度和灵敏度互为倒数，即 $K = 1/S$. 弹性特性为线性时，特性曲线上各点相应的刚度或灵敏度均相同，且为常数，弹性特性为非线性时，各点相应的刚度或灵敏度是不相同的.

3. 弹性滞后和弹性后效

弹性元件在其弹性变形范围内，加负荷或减负荷时表现的弹性特性不相重合的现象称为弹性滞后. 由此而产生的误差称为滞后误差，用符号 $\varDelta$ 表示. 如某一点的滞后误差 $\varDelta_A = s_2 - s_1$，如图 3-2-6 所示.

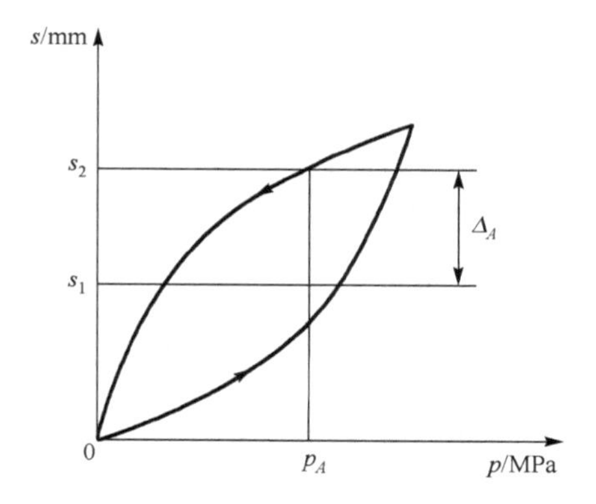

图 3-2-6 弹性元件的弹性滞后

当负荷(压力、力或力矩)停止变化($p = p_1$)或完成卸负荷后($p=0$)，弹性元件不是立刻完成相应的变形，而是在一段时间内继续变形，这种现象称为弹性后效，如图 3-2-7 所示.

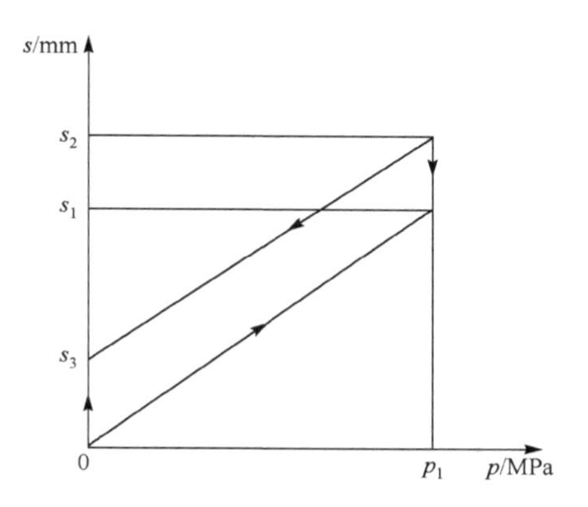

图 3-2-7 弹性元件的弹性后效现象

弹性元件的弹性滞后和弹性后效现象在工作过程中是同时产生的，它是造成仪表指示误差(回差和零位误差)的主要因素. 弹性滞后及弹性后效与材料的极限强度，弹性元件的结构设计、负荷大小、特性以及工作温度等因素有关. 使用压力越接近材料的比例极限或强度系数越低，弹性后效就越大. 为了减小弹性滞后和弹性后效值，在设计时应选用较大的强度系数，合理选择材料，采取适当的加工和热处理方法等.

(二)弹簧管压力计

1. 弹簧管测压原理

弹簧管压力计是最常用的直读式测压仪器，它可用于测量真空或 0.1～10^3MPa 的压力. 弹簧管(又称为波登管)是用一根扁圆形或椭圆形截面的管子弯成圆弧形而制成的. 管子开口端固定在仪表接头座上，称为固定端. 压力信号由接头座引入弹簧管内. 管子的另一端封闭，称为自由端. 当固定端通入被测压力时，弹簧管承受内压，其截面形状趋于圆形，刚度增大. 弯曲的弹簧管伸展，中心角 α 变小，封闭的自由端外移. 压力越大，自由端的位移就越大，自由端的位移通过传动机构带动压力计指针转动，指示被测压力. 单圈弹簧管的工作原理如图 3-2-8 所示.

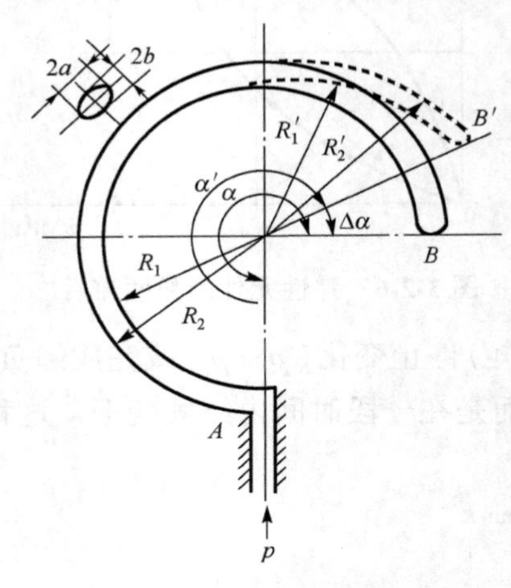

图 3-2-8　单圈弹簧管的工作原理

单圈弹簧管受力变形可表示为

$$R_1\alpha = R_1'\alpha',\quad R_2\alpha = R_2'\alpha' \tag{3-2-8}$$

两式相减得

$$\alpha\left(R_2 - R_1\right) = \alpha'\left(R_2' - R_1'\right) \tag{3-2-9}$$

由于

$$R_2 - R_1 = 2b,\quad R_2' - R_1' = 2b'$$

则

$$2b\alpha = 2b'\alpha' \tag{3-2-10}$$

经分析可知，弹簧管中心角 α 越大，椭圆形截面的短轴越小，角位移 $\Delta\alpha$ 就越大，所以增加弹簧管圈数，做成螺旋形或涡卷型多圈弹簧管，可以加大灵敏度和做功能力. 多圈弹簧管常用于压力记录仪. 在相同的角度 α 之下，弹簧管椭圆(扁圆)形截面的短轴越小，其灵敏度越高，弹簧管长短轴的比值一般为 2～3. 同时也不难看出，圆形截面的弹簧管在压力增加时，其自由端不会发生移动. 在一定压力下，弹簧管的输出位移除了和弹簧管的原始中心角 α 、截面形状等参数有关外，还与弹簧管的材料性质(弹性模量 E 和泊松系数 μ)、壁厚 h、圈径 R 等有关. 所以目前只能通过实验得到经验公式来反映弹簧管所受压力与输出位移之间的关系.

2. 弹簧管压力计的结构

弹簧管压力计主要由弹簧管、齿轮传动机构、示数装置(指针和分度盘)以及外壳等几部分组成，其结构、传动机构及实物如图 3-2-9 所示.

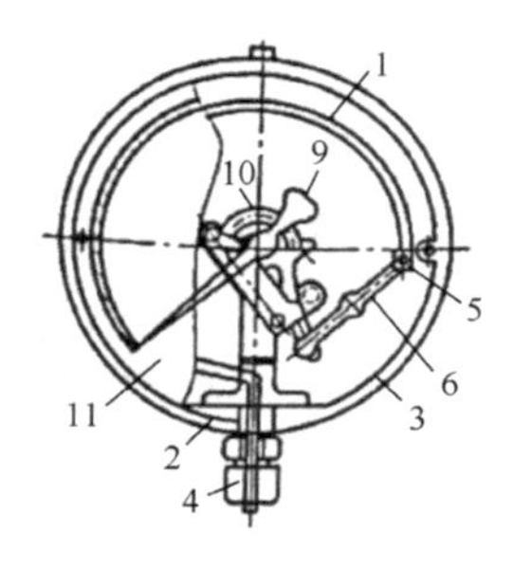

(a) 结构图

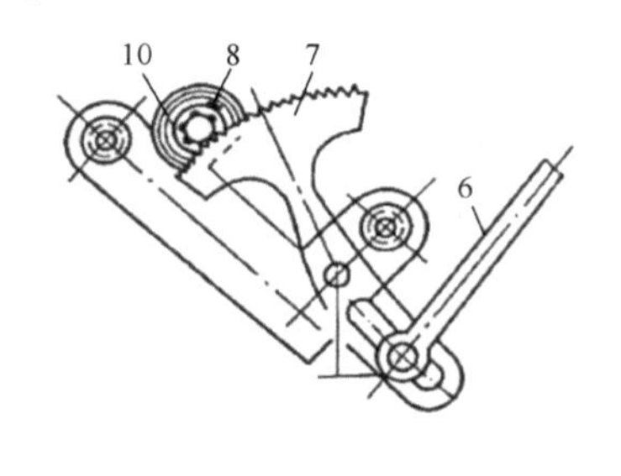

(b) 传动机构

(c) 实物

图 3-2-9 弹簧管压力计

1-弹簧管；2-支管；3-外壳；4-接头；5-带有铰轴的销子；6-拉杆；
7-扇形齿轮；8-小齿轮；9-指针；10-游丝；11-刻度盘

弹簧管椭圆的长轴与通过指针的轴芯的中心线相平行，自由端借助于拉杆和扇形齿轮以铰链的方式相连，扇形齿轮和小齿轮啮合，在小齿轮轴心上装着指针，为了消除扇形齿轮和小齿轮之间的间隙活动，在小齿轮的转轴上安装了螺旋形的游丝.

弹簧管的另一端焊在仪表的壳体上，并与管接头相通，管接头把压力计与需要测量压力的空间连接起来，介质由所测空间通过细管进入弹簧管的内腔中. 在介质压力的作用下，弹簧管由于内部压力的作用，其断面受力趋于圆形，迫使弹簧管的自由端产生移动，这一移动距离即管端位移量，借助拉杆带动齿轮传动机构 7 和 8，使固定在齿轮 8 上的指针相对于分度盘旋转，指针旋转角的大小正比于弹簧管自由端的位移量，亦正比于所测压力的大小，因此可借助指针在分度盘上的位置指示出待测压力值.

用于测量正压的弹簧管压力计称为压力表，用于测量负压的称为真空表. 单圈弹簧管压力计应用最广泛，一般的准确度等级为 1.0～2.5 级，精密的为 0.35 级、0.5 级.

3. 弹簧管压力机使用安装中的注意事项

为了保证弹簧管压力计的正确指示和长期使用，一个重要的因素是仪表的安装与维护，在使用时应注意以下几点：

(1) 在选用弹簧管压力计时，要注意被测工质的物性和量程. 测量爆炸、腐蚀、有毒气体的压力时，应使用特殊的仪表. 氧气压力表严禁接触油类，以免爆炸. 仪表应工作在正常允许的压力范围内，操作压力比较稳定时，操作指示值一般不应超过量程的三分之二，在压力波动时，应在其量程的二分之一处.

(2) 工业用压力表应在环境温度为−40～+60℃、相对湿度不大于 80%的条件下使用.

(3) 在振动情况下使用仪表时要装减振装置. 测量结晶或黏度较大的介质时，要加装隔离器.

(4) 仪表必须垂直安装，仪表安装处与测定点间的距离应尽量短，以免指示迟缓，确保无泄漏现象.

(5) 仪表的测定点与仪表的安装处应处于同一水平位置，否则将产生附加高度误差，必要时需加修正值.

(6) 仪表必须定期校验.

(三) 膜盒式微压计

膜盒式微压计常用于火电厂锅炉风烟系统的风、烟压力测量及锅炉炉膛负压测量，其结构如图 3-2-10 所示. 测量范围为 150～4000Pa，准确度等级一般为 2.5 级，较高的可达到 1.5 级. 仪表工作时，压力信号从引压口、导压管引入膜盒内，使膜盒产生变形. 膜盒中心处向上的位移，通过推杆使铰链块作顺时针转动，从而带动拉杆向左移动. 拉杆又带动曲柄使转轴逆时针转动，从而使指针逆时针转动而进行压力值指示. 游丝可以消除传动间隙的影响.

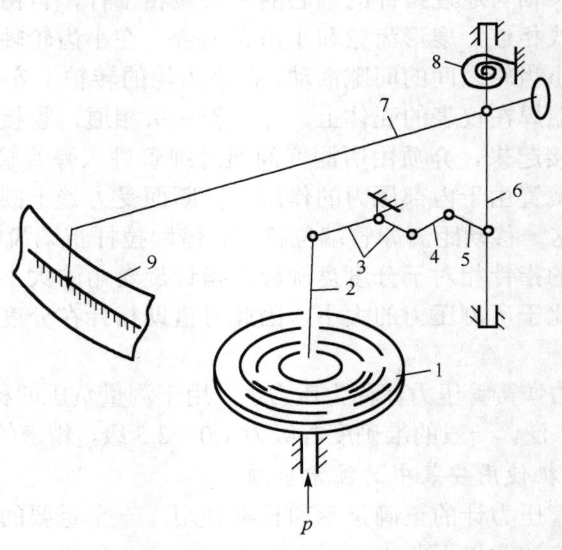

图 3-2-10　膜盒微压计结构

1-膜盒；2-推杆；3-铰链块；4-拉杆；5-曲柄；6-转轴；7-指针；8-游丝；9-刻度盘

(四)电接点压力计

在热力生产过程中，不仅需要进行压力显示，而且还需要将压力控制在某一范围内. 例如，锅炉汽包压力、过热蒸汽压力等，当压力低于或高于给定值时就会影响机组的安全和经济运行. 电接点压力计(见图 3-2-11)可用于电气发信号设备连锁装置和自动装置，以提醒工作人员注意，及时进行操作，保证压力尽快地恢复到给定值上. 其测量工作原理和一般弹簧管压力计完全相同，但它有一套发信机构. 在指示指针的下部有两个指针，一个为高压给定指针，一个为低压给定指针. 利用专用钥匙在表盘的中间旋动给定指针的销子，将给定指针拨到所要控制的压力上限和下限值上. 在高、低压给定指针和指示指针上均带有电接点. 当指示指针位于高、低压给定指针之间时，三个电接点彼此断开，不发信号. 当指示指针位于低压给定指针的下方时，低压接点接通，低压指示灯亮，表示压力过低；当压力高于压力上限时，即指示指针位于高压给定指针的下方，高压接点接通，高压指示灯亮，表示压力过高. 电接点压力计除作为高、低压报警信号灯和继电器外，还可以接其他继电器等自动设备，实现与其他设备连锁和自动操作作用. 但这种仪表只能报告压力的高低，不能远传压力指示. 触点控制部分的供电电压，交流的不得超过 380V，直流的不得超过 220V. 触点的最大容量为 10V·A，通过的最大电流为 1A.使用中不能超过上述电功率，以免将触头烧掉. 电接点压力计的准确度一般为 1.5～2.5 级.

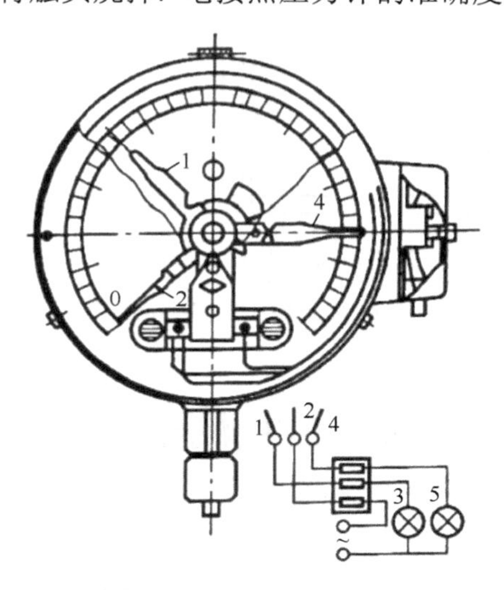

图 3-2-11　电接点压力计

1-低压给定指针及接点；2-指示指针及接点；
3-绿灯；4-高压给定指针及接点；5-红灯

四、压力表的安装

压力表的安装方式如图 3-2-12 所示，在安装时必须满足以下要求.

(1)取压管口应与工质流速方向垂直，与设备内壁平齐，不应有凸出物或毛刺.测点要选择在其前后有足够长的直管段的地方，以保证仪表所测的是介质的静压力.

(2)防止仪表传感器与高温或有害的被测介质直接接触，测量高温蒸汽压力时，应加装凝汽管；测量含尘气体压力时，应装设灰尘捕集器；对于有腐蚀性的介质，应加装充有中性介质的隔离容器；测量高于 60℃的介质时，一般加环形圈(又称冷凝圈).

(3)取压口的位置：测量气体介质时，一般位于工艺管道上部；测量蒸汽介质时，应位于工艺管道的两侧边上，这样可以保持测量管路内有稳定的冷凝液，同时防止工艺管道底部的固体介质进入测量管路和仪表；测量液体时，应位于工艺管道的下部，这样可以让液体内析出的少量气体顺利地返回工艺管道，而不进入测量管和仪表.

(4)取压口与压力计之间应加装隔离阀，以备检修压力表用.

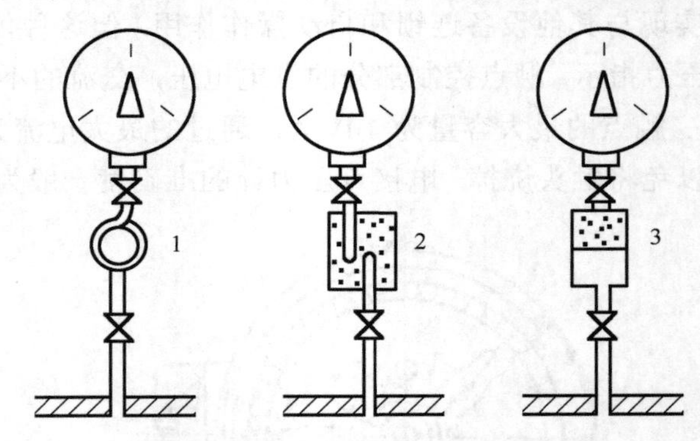

图 3-2-12　压力表安装示意

1-环形圈；2-凝气管；3-隔离容器

第三节　流量测量及仪表

一、流量测量基本知识

(一)流量的定义及单位

流体在单位时间内通过管道某一截面的数量称为流体的瞬时流量，简称流量.

按计量流体数量方法的不同，流量可分为质量流量 q_m 和体积流量 q_V. 由于很难保证流体在流动过程中均匀流动，严格地说，只能认为在某一截面的某一微小面积 dA 上流动是均匀的，即有

$$dq_V = \lim_{\Delta t \to 0} \frac{\Delta V}{\Delta t} = \frac{dV}{dt} = v dA \tag{3-3-1}$$

$$dq_m = \lim_{\Delta t \to 0} \frac{\Delta m}{\Delta t} = \frac{dm}{dt} = \rho v dA \tag{3-3-2}$$

式中，dq_V 为通过截面某一微元面的流体体积流量，单位为 m^3/s；dq_m 为通过截面某一微元面的流体质量流量，单位为 kg/s；V 为流体的体积，单位为 m^3；t 为时间，单位为 s；ρ 为流体的密度，单位为 kg/m^3；v 为流体的瞬时速度，单位为 m/s；dA 为微小单元的面积，单位为 m^2. 通过整个截面的体积流量 q_V 为

$$q_V = \int_0^A v dA = \bar{v} A \tag{3-3-3}$$

式中，q_V 为通过整个截面的流体体积流量，单位为 m^3/s；$\bar{v}$ 为整个截面上流体的平均流速，单位为 m/s；A 为管道截面的面积，单位为 m^2. 若流体在整个截面上的密度是均匀的，则质量流量 q_m 为

$$q_m = \int_0^A \rho v dA = \rho \bar{v} A \tag{3-3-4}$$

式中，q_m 为流体的质量流量，单位为 kg/s.

可见，在满足整个截面上密度是均匀的前提下，质量流量和体积流量有如下关系：

$$q_m = \rho q V \tag{3-3-5}$$

因为流体的密度 ρ 随压力、温度的变化而变化，故在给出体积流量的同时，必须指出流体的状态. 特别是对于气体，其密度随压力、温度变化显著，由体积流量换算质量流量时，应格外注意.

在工程应用中，除了要测量瞬时流量外，往往还需要了解在某一段时间内流过流体的总量，即累积流量. 累积流量是指在一段时间[t_1，t_2]内流过管道截面积流体的总和，等于在该段时间内瞬时流量对时间的积分

$$Q_V = \int_{t_2}^{t_1} q_V dt \tag{3-3-6}$$

$$Q_m = \int_{t_2}^{t_1} q_m dt \tag{3-3-7}$$

式中，Q_V 为累积体积流量，单位为 m^3；Q_m 为累积质量流量，单位为 kg .

在工业生产中，瞬时流量是涉及流体工艺流程中需要控制和调节的重要参量，用以保持均衡稳定的生产和保证产品质量. 累积流量则是有关流体介质的贸易、分配、交接、供应等商业性活动中必知的参数之一，它是计价、结算、收费的基础.

(二) 流量计分类和主要参数

流量是一个动态量，其测量过程与流动状态、流体的物理性质、流体的工作条件、流量计前后直管段的长度等有关. 因此确定流量测量方法、选择流量仪表，都要综合考虑上述因素的影响，才能达到理想的测量要求.

1. 流量计分类

流体流动的动力学参数，如流速、动量等都直接与流量有关，因此这些参数造成的各种物理效应，均可作为流量测量的物理基础. 目前，已投入使用的流量计种类繁多，其测量原理、结构特性、使用范围、使用方法等各不同，所以其分类可以按不同原则划分，至今并未有统一的分类方法.

1) 按测量方法分类

流量测量仪表按测量方法一般分为容积法、速度法(流速法)和质量流量法 3 种.

A. 容积法

容积法是指用一个具有标准容积的容器连续不断地对被测量流体进行度量，并以单位(或一段)时间内度量的标准容积数来计算流量的方法. 这种测量方法受流动状态影响较小，因而适用于测量高黏度、低雷诺数的流体. 但不宜于测量高温高压和脏污介质的流量，其流量测量上限较小. 典型仪表有椭圆齿轮流量计、腰轮流量计、刮板流量计等.

B. 速度法

速度法是指根据管道截面上的平均流速来计算流量的方法. 与流速有关的各种物理现象都可用来度量流量. 如果再测得被测流体的密度，便可得到质量流量.

在速度法流量计中，节流式流量计历史悠久，技术最为成熟，是目前工业生产和科学实验中应用最广泛的一种流量计. 此外，属于速度法测量的流量计还有转子流量计、涡轮流量计、电磁流量计、超声波流量计等.

由于这种方法是利用平均流速来计算流量的，所以受管路条件的影响较大，如雷诺数、涡流及截面速度分布不对称等都会给测量带来误差. 但是这种测量方法有较宽的使用条件，可用于高温、高压流体的测量. 有的仪器还可适用于测量脏污介质的流量. 目前采用速度法进行流量测量的仪表在工业上应用较广.

C. 质量流量法

无论是容积法，还是速度法，都必须给出流体的密度才能得到质量流量. 而流体的密度受流体状态参数(温度、压力)的影响，这就不可避免地给质量流量的测量带来误差. 解决这个问题的一种方法是同时测量流体的体积流量和密度或根据测量得到的流体的压力、温度等状态参数对流体密度的变化进行补偿. 但更理想的方法是直接测量流体的质量流量，这种方法的物理基础是测量与流体质量有关的物理量(如动量、动量矩等)，从而直接得到质量流量. 这种方法与流体的成分和参数无关，

具有明显的优越性. 但目前生产的这种流量计都比较复杂，价格昂贵，因而限制了它们的应用.

应当指出，无论哪一种流量计，都有一定的使用范围，对流体的特性和管道条件都有特定的要求. 目前生产的各种容积法和速度法流量计，都要求满足下列条件：

(1) 流体必须充满管道内部，并持续流动；

(2) 流体在物理上和热力学上是单相的，流经测量元件时不发生相变；

(3) 流体的速度一般在声速以下.

众所周知，两相流是工业过程中广泛存在的流动现象. 两相流流量的测量正越来越引起人们的重视，目前国内外学者对此已进行了大量的实验研究，但尚无成熟产品问世.

2) 按测量目的分类

流量测量仪表按测量目的可分为瞬时流量计和累积式流量计. 累积式流量计又称为计量表、总量表. 随着流量测量仪表及测量技术的发展，大多数流量计都同时具备测量流体瞬时流量和计算流体总量的功能.

3) 其他分类

按测量对象，流量测量仪表可分为封闭管道流量计和明渠流量计两类；按输出信号，流量计可分为脉冲频率信号输出和模拟电流(电压)信号输出两类；按测量单位，流量计可分为质量流量计和体积流量计.

2. 流量计及其主要参数

用于测量流量的计量器具称为流量计，通常由一次装置和二次仪表组成. 一次装置安装于流体导管内部或者外部，根据流体与一次装置相互作用的物理定律，产生一个与流量有确定关系的信号. 一次装置又称为流量传感器. 二次仪表接收一次装置的信号，并实现流量的显示、输出或远传.

流量计的主要参数有：

A——流量测量范围上限值的数系；

a——流量测量范围上限值.

流量测量范围上限值的数系 A 应为

$$A = a \times 10^n \tag{3-3-8}$$

式中，a 为 1.0、(1.2)、1.25、1.6、2.0、2.5、(3.0)、3.2、4.0、5.0、(6.0)、6.3、8.0 中任一值；n 为任一整数或零. 注：括号内数值不优先选取.

B——差压测量范围上限值的数系；

b——差压测量范围上限值.

差压测量范围上限值的数系 B 应为

$$B = b \times 10^n \tag{3-3-9}$$

式中，b 为 1.0、1.6、2.5、4.0、6.0 中的任一值；n 为任一整数或零.

可将流量计的分类总结如表 3-3-1 所示.

表 3-3-1　流量计的分类

类别		工作原理	仪表名称		可测流体种类	适用管径/mm	测量准确度	直管段要求	压力损失
体积流量计	差压式流量计	根据流体流过阻力件所产生的压力差与流量之间的关系确定流量	节流式	孔板	液、气、蒸汽	50～1000	±(1.0%～2.0%)	高	大
				喷嘴		50～500	±1.0%	高	中等
				文丘里管		100～1200	±2.0%	高	小
			均速管		液、气、蒸汽	25~9000	±(1.0%～4.0%)	高	小
			弯管流量计		液、气	—	±0.2%	高	无
	流体阻力式流量计	根据流体流过阻力件所产生的作用力与流量之间的关系确定流量	转子流量计		液、气	4～100	±(0.5%～2.0%)	垂直安装	小且恒定
			靶式流量计		液、气、蒸汽	15～200	±(0.2%～0.5%)	高	较小
	容积式流量计	通过测量一段时间内被测流体填充的标准容积个数来确定流量	椭圆齿轮流量计		液、气	10～500	±(0.1%～1.0%)	无，需安装过滤器	中等
			腰轮流量计		液、气				
			刮板流量计		液		±0.2%	无	较小
	速度式流量计	通过测量管道截面上流体的平均流速来确定流量	涡轮流量计		液、气	4～600	±(0.1%～0.5%)	高，需安装过滤器	小
			涡街流量计		液、气、蒸汽和混相流	15～400	±(0.5%～1.0%)	高	小
			电磁流量计		导电液体	2～2400	±(0.5%～1.5%)	不高	无
			超声波流量计		液、气	>10	±1.0%	高	无
质量流量计	直接式	直接测量与质量流量成正比的物理量进而确定质量流量	热式质量流量计		气	—	±(0.2%～2.0%)	—	小
			冲量式流量计		固体粉末	—	±(0.2%～2.0%)	—	—
			科里奥利流量计		液、气	<200	±(0.1%～0.5%)	—	中等
	间接式	组合式	体积流量计与密度流量计组合		液、气	依所选用的仪表而定	±0.5%	根据所选用的仪表而定	
		补偿式	—						

二、差压式流量计

(一) 概述

差压式流量计是根据安装在管道中的流量检测元件所产生的差压 Δp 来测量流量的仪表，其使用量一直居于流量测量仪表的首位. 差压式流量计包括节流式差压

流量计、皮托管、均速管流量计、弯管流量计等，其中，节流式差压流量计是一类规格种类繁多、应用极广的流量仪表. 这里仅介绍节流式差压流量计.

节流式差压流量计是目前工业生产中用来测量液体、气体和蒸汽流量最常用的一类流量仪表，其使用量占整个工业领域内流量计总数的一半以上. 其特点如下：

(1) 结构简单，使用寿命长，适用性较广，能够测量各种工况下的单相流体流量和高温、高压下的流体流量；

(2) 发展早，应用历史长，有丰富、可靠的实验数据；

(3) 标准节流装置的设计、加工、安装和使用已标准化，无须定标即可应用；

(4) 在已知不确定度的范围内进行流量测量；

(5) 现场安装条件要求严格，流量计前后需要有一定长度的直管段；

(6) 测量范围窄，一般量程比为 3:1～4:10；

(7) 压力损失较大，准确度不够高，约 ±(1% ~ 2%)；

(8) 测量的重复性、准确度在流量计中属于中等水平，由于众多因素的影响错综复杂，准确度难以提高；

(9) 检测元件与差压显示仪表之间的引压管线为薄弱环节，易产生泄漏、堵塞、冻结及信号失真等故障.

节流式差压流量计由 3 部分组成：节流装置、差压变送器和流量显示仪，亦可由节流装置配以差压计组成.

(二) 节流式差压流量计的组成和标准节流装置

图 3-3-1 为差压式流量计的组成. 节流装置产生的差压信号，通过压力传输管道被引至差压计，经差压计转换成电信号或气信号被送至显示仪表.

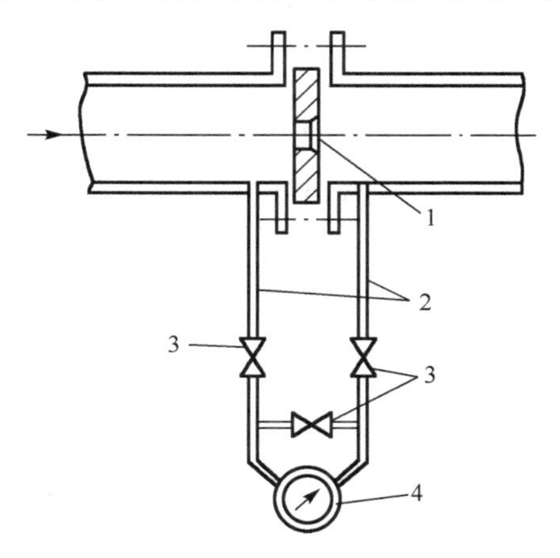

图 3-3-1 差压式流量计

1-节流元件；2-引压管路；3-三阀组；4-差压计

1. 标准节流件

标准节流装置包括标准节流件、取压装置和前后直流管道. 节流件的形式有很多, 有标准孔板、标准喷管、文丘里管、1/4 圆喷管等, 如图 3-3-2 所示. 可以利用管道上的管件(弯头等)所产生的压差来测量流量, 但由于差压值小, 影响因素很多, 很难测量准确.

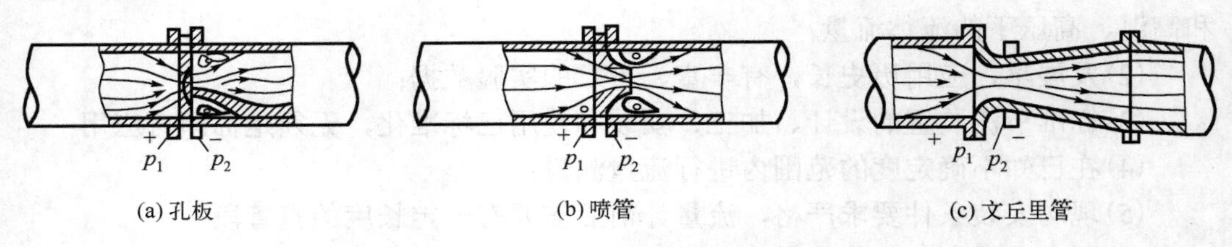

图 3-3-2 标准节流装置示意

目前使用最广泛的节流件是标准孔板和标准喷管节流件. 这两种形式的节流件的外形、尺寸已经标准化. 同时还规定了它们的取压方式和前后直管段要求, 包括节流件、取压装置、节流件前后直管道和法兰在内的整套装置总称为“标准节流装置”. 所谓标准节流装置, 是指符合国际建议和国家标准规定的节流装置. 通过大量实验求得标准节流装置的流量与差压的关系, 并据此制定“流量测量节流装置国家标准”. 凡照此设计、制作和安装的节流装置, 不必经过个别标定即可应用, 测量准确度一般为 ±(1% ~ 2%), 能满足工业生产的要求.

标准节流装置只适用于直径大于 50mm 的圆形截面管道的单相流体流量和均质流体的流量. 它要求流体充满管道, 在节流件前后一定距离内不发生流体相变或析出杂质的现象; 流速小于声速; 流动属于非脉动流; 流体在流过节流件前, 其流束与管道轴线平行, 不得有旋转流. 下面介绍标准节流件及其取压装置.

1) 标准孔板

标准孔板是用不锈钢或其他金属材料制造的, 具有圆形开孔、开孔入口边缘尖锐的薄板. 孔板开孔直径 d 是一个重要的尺寸, 其值应取不少于 4 个单测值的平均值, 任意单测值与平均值只差不超过 0.05%. 如图 3-3-3 所示为标准孔板的结构. 图中所注的尺寸在“标准”中均有具体规定. 标准孔板的结构最简单, 体积小, 加工方便, 成本低, 压力损失较大, 而且只能用于清洁流体.

2) 标准喷管

标准喷管是由两个圆弧曲面构成的入口收缩部分和与之相接的圆柱形后补组成. 标准喷管的取压方式仅采用角接取压. 对于标准孔板与标准喷管的选用, 除了应考虑加工难易、静压损失(孔板比喷管大)外, 还需考虑使用条件满足与否. 标准喷管的形状适应流体收缩的流型, 所以压力损失较小, 测量准确度较高, 但它的结构比较复杂, 体积大, 加工困难, 成本较高. 由于其坚固性, 喷管一般用于高速蒸汽流量的测量.

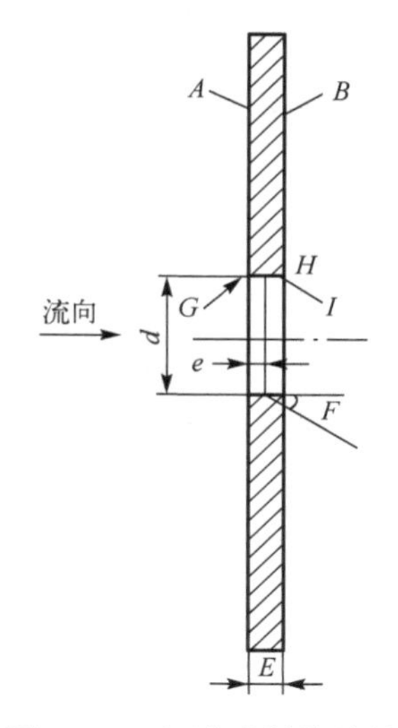

图 3-3-3　标准孔板的结构

3) 文丘里管

文丘里管具有圆锥形的入口收缩段和喇叭形的出口扩散段，如图 3-3-4 所示，它能使压力损失显著地减小，并有较高的准确度. 但其加工困难，成本最高，一般用在有特殊要求，如低损压、高准确度测量的场合. 它的流道持续变化，所以可以用于脏污流体的流量测量，并在大管径流量测量方面应用较多.

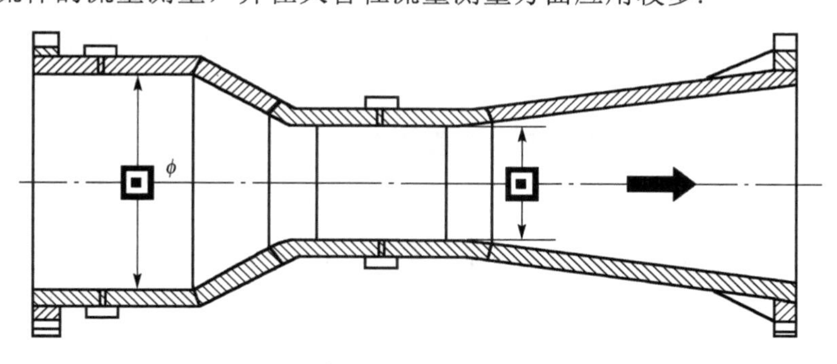

图 3-3-4　文丘里管

2. 取压装置

标准节流装置规定了由节流件前后引出压差信号的集中取压方式，有角接取压、法兰取压、径距取压等，如图 3-3-5 所示. 如图中 1-1、2-2 所示为角接取压的两种结构，适用于孔板和喷管. 1-1 为环室取压，上、下游静压通过环缝传至环室，由前、后环室引出差压信号，故可以均匀取压；2-2 表示钻孔取压，取压孔开在节流件前后的夹紧环上，这种方式在大管径(D>500mm)时应用较多；3-3 为径距取压，取压孔开在前、测量管段上，适用于标准孔板；4-4 为法兰取压，上、下游侧取压孔开在固定节流件的法兰上，适用于标准孔板. 取压孔的大小及各部件的尺寸均有相应规定，可以查阅相关手册.

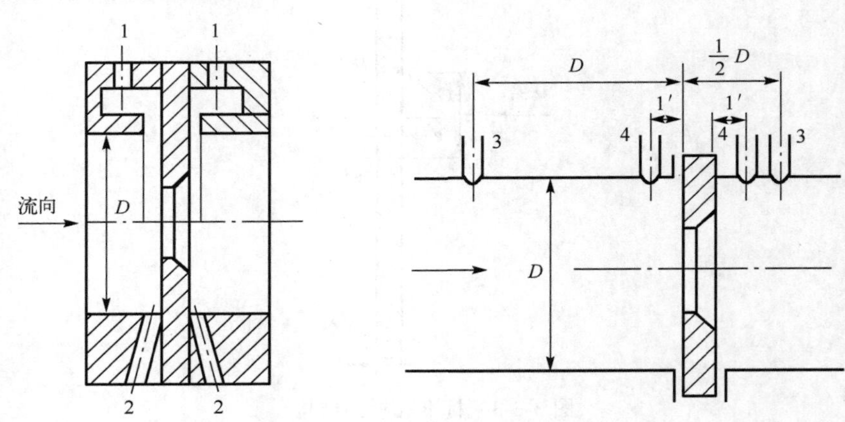

图 3-3-5　节流装置的取压方式

3. 测量管段

为了确保流体流动在节流件前达到充分发展的湍流速度分布，要求在节流件前后有一段足够长的直管段. 最小直管段的长度与节流件前的局部阻力件的形式及直径比有关，可以查阅手册. 节流装置的测量管段通常取节流件前 10D、节流件后 5D 的长度，以保证节流件的正确安装和使用. 整套装置需事前先配置好再整体安装在管道上.

(三)标准节流装置的测量原理和流量公式

1. 测量原理

标准节流装置的工作原理是基于节流效应，即在充满流体的管道内固定放置一个流通面积小于管道截面积的节流件，则管内流束在通过该节流件时就会造成局部收缩，在收缩处，流速增加，静压力降低，因此，在节流件前后将产生一定的静压力差. 在标准节流装置、管道安装条件、流体参数一定的情况下，节流件前后的静压力差 Δp（简称差压）与流量 q_V 之间具有确定的函数关系. 因此，可以通过测量节流件前后的压差来测量流量.

对于未经标定的标准节流装置，只要它与已经经过充分实验标定的标准节流装置几何相似和动力学相似，则在已知有关参数的条件下，在标准规定的测量误差范围内，可用上述经标定的标准节流装置的流量方程来确定未经标定的节流装置节流件前后的静压力差与流量间的关系. 达到几何相似的条件主要有节流装置的结构形

式和取压装置、节流件上下游的测量管和直管段长度的制造及安装符合标准的规定. 动力学相似的条件为雷诺数相等.

现以不可压缩流体流经孔板为例，来分析流体流经节流件时的压力、速度变化的情况，如图 3-3-6 所示. 从图中可见，充满圆管的稳定流动的流体沿水平管道流动到节流件上游的截面 1 处，该处流体未受节流件影响. 之后，流束开始收缩，位于边缘处的流体向中心加速，则流体的动能增加，静压力随之减少. 由于惯性的作用，流束通过孔板后还将继续收缩，直到在孔板后的某一距离处达到最小流束截面 2(此位置随流量大小而变)，这时流体的平均流速值 $\overline{v}_2$ 达到最大值，静压力 p_2' 达到最小值. 经过截面 2 后，流束又逐渐扩大，在截面 3 处，流束恢复到原来的状态，流速逐渐降低到原来的大小，即 $\overline{v}_1=\overline{v}_3$. 但是由于流体流经节流件时多会产生涡流、撞击，再加上沿程的摩擦阻力，均会造成能量的损失，因此压力不能恢复到原来的数值 p_1'，二者之差 δ_p 称为流体流经节流件的压力损失，它是不可恢复的.

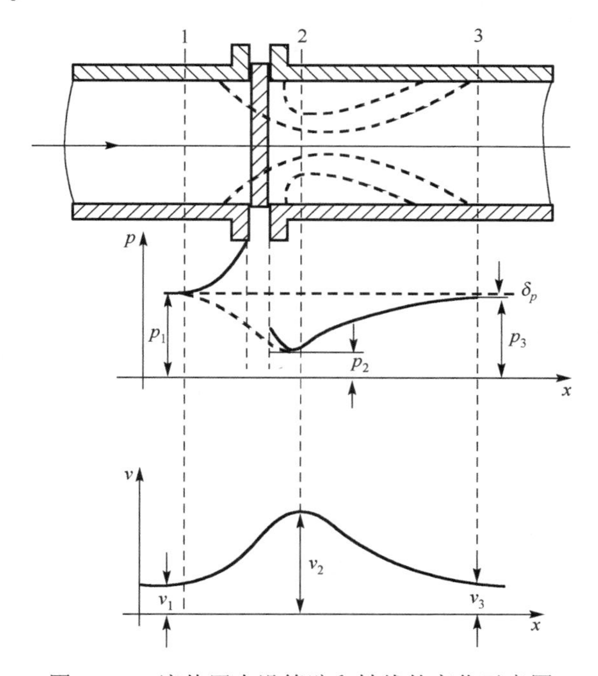

图 3-3-6 流体压力沿管壁和轴线的变化示意图

流体压力沿管壁的变化和轴线上是不同的，在节流件前由于节流件对流体的阻碍，造成部分流体局部滞止，使管壁上流体的静压力比节流件上游的静压力稍有增高，如图 3-3-6 中实线所示. 而在管的轴线上由于流速增加，所以静压力减小，如图 3-3-6 中的虚线所示.

为了减小压力损失，人们采用喷嘴、文丘里管等节流件，它可减小节流件前后的涡流区. 此外，还有一些低压损的节流件，可以节约仪表运行的能量消耗.

2. 流量公式

流量公式，就是流经节流装置的流量与形成的静压力差的关系，它可以通过伯努利方程和流体的连续方程求得. 但是完全从理论上定量地推导出流量与压力差的关系，目前还是不可能的，而只能通过实验来求得流量系数或流出系数.

1) 不可压缩流体的流量公式

为了推导流量公式，我们在管道上选取如下两个截面.

(1) 截面 1-1，位于节流件上游，该截面处流体未受节流件影响，静压力为 p_1'，平均流速为 $\overline{v}_1$，流束截面的直径(即管内径)为 D，流体的密度为 ρ_1；

(2) 截面 2-2，即流束的最小断面处，它位于标准孔板出口以后的地方，对于标准喷嘴和文丘里管则位于其喉管内. 此处流体的静压力最低为 p_2'，平均流速最大为 $\overline{v}_2$，流体的密度为 ρ_2，流束直径为 d'.

对于标准孔板，$d' < d$；对于标准喷嘴和文丘里管，$d' = d$. 设管道水平放置，则有 $z_1 = z_2$；对于可压缩流体有 $\rho_1 = \rho_2 = \rho$；再将能量损失记为 $s_\omega = \xi \dfrac{\overline{v}_2^{\,2}}{2}$，则对截面 1-1 和 2-2，根据总流的伯努利方程

$$\frac{p_1'}{\rho} + \frac{c_1 \overline{v}_1^{\,2}}{2} = \frac{p_2'}{\rho} + \frac{c_2 \overline{v}_2^{\,2}}{2} + \xi \frac{\overline{v}_2^{\,2}}{2} \tag{3-3-10}$$

式中，p_1'、p_2' 为管道截面 1-1、2-2 处流体的静压力，单位为 Pa；c_1、c_2 为管道截面 1-1、2-2 处的动能修正系数；$\overline{v}_1$、$\overline{v}_2$ 为管道截面 1-1、2-2 处流体的平均速度，单位为 $\mathrm{m/s}$；ρ 为不可压缩流体的平均密度，单位为 $\mathrm{kg/m^3}$；ξ 为阻力系数.

流体总流的连续方程由式(3-3-10)可得

$$\overline{v}_1 \frac{\pi D^2}{4} = \overline{v}_2 \frac{\pi d'^2}{4} \tag{3-3-11}$$

式中，D、d' 为管道截面 1-1、2-2 处的直径，单位为 m.

流体方程式(3-3-10)和式(3-3-11)求解 $\overline{v}_2$ 得

$$\overline{v}_2 = \frac{1}{\sqrt{c_2 + \xi - c_1 \left(\dfrac{d'}{D}\right)^4}} \sqrt{\frac{2\left(p_1' - p_2'\right)}{\rho}} \tag{3-3-12}$$

对式(3-3-12)，进行如下处理：

(1) 引入节流装置的重要参数直径比，即 $\beta = d / D$；

(2) 再引入流束的收缩系数 μ，它表示流束的最小收缩面积和节流件开孔面积之比，即 $\mu = d'^2 / d^2$；

(3)引入取压系数ψ. 因为流束最小截面2-2的位置随流量变化而变化，而实际取压点的位置是固定的，用固定的取压点处的静压力p_1、p_2代替p_1'、p_2'时，须引入一个取压修正系数ψ，即

$$\psi=\frac{p_1'-p_2'}{p_1-p_2} \tag{3-3-13}$$

式中，ψ为取压系数，取压方式不同ψ值亦不同.

经过以上处理，式(3-3-12)变为

$$\overline{v}_2=\frac{\sqrt{\psi}}{\sqrt{c_2+\xi-c_1\mu^2\beta^4}}\sqrt{\frac{2(p_1-p_2)}{\rho}} \tag{3-3-14}$$

用节流件的开孔面积$\frac{\pi}{4}d^2$代替$\frac{\pi}{4}d'^2$，则体积流量为

$$q_V=\frac{\mu\sqrt{\psi}}{\sqrt{c_2+\xi-c_1\mu^2\beta^4}}\frac{\pi}{4}d^2\sqrt{\frac{2(p_1-p_2)}{\rho}} \tag{3-3-15}$$

注意：公式中的d和D是在工作条件下的直径值. 在任何其他条件下所测得的值必须根据测量时实际的流体温度和压力对其进行修正.

记静压力差$\Delta p=p_1-p_2$，设节流件的开孔面积为$A_0=\frac{\pi}{4}d^2$，并定义流量系数为

$$\alpha=\frac{\mu\sqrt{\psi}}{\sqrt{c_2+\xi-c_1\mu^2\beta^4}} \tag{3-3-16}$$

则流体的体积流量为

$$q_V=\alpha A_0\sqrt{\frac{2\Delta p}{\rho}} \tag{3-3-17}$$

目前国际上多用流出系数C来代替流量系数α. 流量系数定义为实际流量值与理论流量值的比值. 所谓理论流量值是指理想工作条件下的流量值. 理想情况主要包括：

(1)无能量损失，即$\xi=0$；

(2)用平均流速代替瞬时流量无偏差，即$c_1=c_2=1$；

(3)假定在孔板处流束收缩到最小，则有$d'=d$，$\mu=1$；

(4)假定截面1-1和截面2-2所在位置恰好为压差计两个固定取压点的位置，则固定点取压值p_1、p_2等于p_1'、p_1'，即$\psi=1$.

则理论流量值为

$$q_{V0}=\frac{A_0}{\sqrt{1-\beta^4}}\sqrt{\frac{2\Delta p}{\rho}} \tag{3-3-18}$$

流出系数 C 的表达式为

$$C=\frac{q_V}{q_{V0}}=\frac{\alpha}{E} \tag{3-3-19}$$

式中，E 为渐进速度系数

$$E=\frac{1}{\sqrt{1-\beta^4}} \tag{3-3-20}$$

用流出系数 C 表示的(体积)流出公式为

$$q_{V0}=\frac{C}{\sqrt{1-\beta^4}}A_0\sqrt{\frac{2\Delta p}{\rho}} \tag{3-3-21}$$

用流出系数 C 表示的质量流量公式为

$$q_m=\frac{C}{\sqrt{1-\beta^4}}A_0\sqrt{2\rho\Delta p} \tag{3-3-22}$$

2) 可压缩流体的流量公式

对于可压缩的流体，由于密度随压力或温度的变化而变化，不再满足 $\rho_1=\rho_2=\rho$. 此时，如果仍用不可压缩的流出系数 C，则算出的流量偏大. 方便起见，其流量方程仍取不可压缩流体流量方程式的形式，只是规定公式中的 ρ_1、流量系数 α 和流出系数 C 仍取不可压缩时的数值，而把流体可压缩性的全部影响集中用一个流束膨胀修正系数 ε 来考虑. 显然，不可压缩流体 $\varepsilon=1$，可压缩流体 $\varepsilon<1$. 可压缩流体的流量公式为

$$q_{V0}=\frac{C\varepsilon}{\sqrt{1-\beta^4}}A_0\sqrt{\frac{2\Delta p}{\rho}} \tag{3-3-23}$$

$$q_m=\frac{C\varepsilon}{\sqrt{1-\beta^4}}A_0\sqrt{2\rho\Delta p} \tag{3-3-24}$$

式中，ε 为可压缩流体的流束膨胀修正系数，简称膨胀系数.

(四) 差压式流量计的安装

标准节流装置的流量系数是在节流件上游侧 1D 处形成流体典型紊流流速分布的状态下取得的，如果在节流件上游侧 1D 长度以内有旋涡或旋转流等情况，则引起流量系数的变化，故安装节流装置时必须满足规定的直管段条件.

1. 节流件上下游侧直管段长度的要求

安装节流装置的管道上往往有拐弯、扩张、缩小、分岔和阀门等局部阻力出现，它们将严重扰乱流束状态，引起流量系数变化，这是不允许的. 因此在节流件上下游侧必须设有足够长度的直管段. 节流装置的安装管段如图 3-3-7 所示. 在节流件 3 的上游侧有两个局部阻力件 1、2，节流装置的下游侧也有一个局部阻力件 4. 在各

阻力件之间的直管段的长度分别为 l_0、l_1 和 l_2. 如在节流装置上游侧只有一个局部阻力件 2，就只需 l_1 和 l_2 直管段. 直管段必须是圆形截面的，其内壁要清洁，并应尽可能光滑平整.

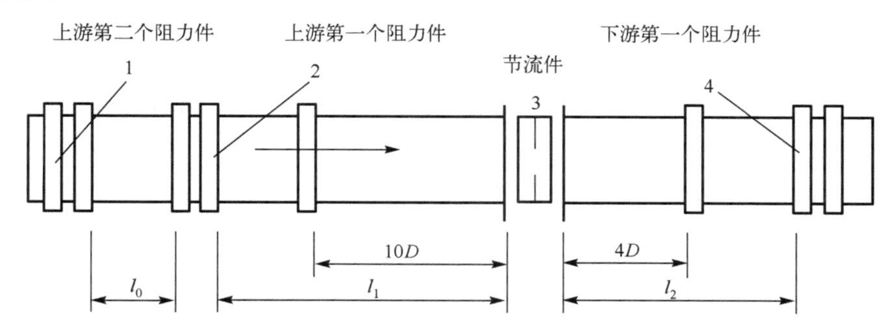

图 3-3-7　节流装置管段与管件

2. 节流件的安装要求

安装节流件时必须注意它的方向性，不能装反. 例如，孔板的直角入口为“十”字方向，扩散的锥形出口为“一”字方向，安装时必须使孔板的直角入口侧迎向流体的流向. 节流件安装在管道中时，要保证其前端面与管道轴线垂直，还要保证其开孔中心轴与管道同轴. 夹紧节流件用的垫片，包括环室或法兰与节流件之间的垫片，在夹紧后不允许凸出管道内壁. 在安装之前，最好对管道系统进行冲洗和吹灰.

3. 差压计信号管路的安装

流量测量时使用的差压计与节流装置之间用差压信号管路连接，信号管路应按最短的距离敷设，一般总长度不超过 60m.差压信号管路敷设要满足以下条件：①所传送的差压，不因信号管路而发生额外误差；②信号管路应带有阀门等必要的附件，使得能在生产设备运行条件下冲洗信号管路，现场校验差压计或在信号管路发生故障的情况下能与主设备隔离；③信号管路与水平面之间应有不小于 1:10 的倾斜度，能随时排出气体(对于液体、蒸汽介质)或凝结水(对于气体介质)；④为了能防止有害物质(如高温介质)进入差压计，在测量腐蚀性介质时应使用隔离容器，如在信号管路中介质有凝固或冻结的可能，应沿信号管路进行保温及蒸汽或电加热，此时应特别注意防止两条信号管路加热不均匀，或局部汽化造成误差.

下面介绍几种不同情况下信号管路安装的一般原则：

(1) 测量液体流量的信号管路. 主要是防止被测液体中存在的气体进入并存积在信号管路内，造成两信号管路中介质密度不等而引起误差. 因此出口最好在节流装置取压室的中心线下方 45°的范围内，以防止气体和固体沉积物进入. 为了能随时从信号管路中排出气体，管路最好向下斜向差压计. 若差压计比节流件高，则在取压口处最好设置一个 U 形水封. 信号管路最高点要装设气体收集器，并装有阀门，以便定期排出气体.

(2)测量蒸汽流量时的信号管路. 主要是保持两条信号管路中凝结水的液位在同样的高度，并防止高温蒸汽直接进入差压计. 因此在取压口处一定要加装凝结容器，容器截面要稍大一些(直径约 75mm). 从取压室到凝结容器的管道应保持水平或向取压室倾斜，凝结容器上方两个管口的下缘必须在同一水平高度上，以使凝结水液面等高. 其他如排气等要求与测量液体时的要求相同.

(3)测量气体流量时的信号管路. 测量气体流量时，主要是防止被测气体中存在的凝结水进入并存积在信号管路中，因此取压口应在节流装置取压室的上方，并希望信号管路向上斜向差压计. 若差压计低于节流装置，则要在信号管路的最低处装设集水器，并装设阀门，以便定期排水. 差压计一般都装有五只阀门，其中两只作隔离阀，一只作平衡阀，打开平衡阀可检查差压计的零点，另两只是用于冲洗信号管路和现场校验差压计. 操作阀门时应特别注意防止差压计单向受压而造成损坏.

三、质量流量计

(一)概述

1. 质量流量测量的意义

在工业生产过程参数检测和控制中，如产品质量控制、物料配比、成本核算、生产过程自动调节、产品交易、储存等都需要直接知道被测流体的质量流量. 前文所述的各种流量计均为测量体积流量的仪表，一般来说可以用体积流量乘以密度换算成质量流量. 但是由于同样体积的流体，在不同温度、压力和成分的条件下，其密度是不同的，特别是气体，所以在温度、压力变化比较频繁的情况下，测量准确度要求较高时，不能采用上述办法，而是直接测出质量流量或进行温度、压力修正.

2. 质量流量计的分类

质量流量计总的来说可分为两大类：直接式质量流量计和间接式质量流量计.

1)直接式质量流量计

直接式质量流量计是指流量计的输出信号能直接反映被测流体质量流量的仪表，它在原理上与介质所处的状态参数(温度、压力)和物性参数(黏度、密度)等无关，具有高准确度、高重复性和高稳定性的特点，在工业上得到了广泛应用.

直接式质量流量计按测量原理大致可分为：

(1)与能量的传递、转换有关的质量流量计，如热式质量流量计和差压式质量流量计.

(2)与力和加速度有关的质量流量计，如科里奥利质量流量计.

2)间接式质量流量计

间接式质量流量计可分成两类：一类是组合式质量流量计，也可以称推导式质量流量计；另一类是补偿式质量流量计.

组合式质量流量计是在分别测量两个参数的基础上，通过计算得到被测流体的质量流量. 它通常分为两种：一种是用一个体积流量计和一个密度计实现的组合测量；另一种是采用两个不同类型流量计实现的组合测量.

补偿式质量流量计同时检测被测流体的体积流量和温度、压力值，再根据介质密度与温度、压力的关系，间接地确定质量流量. 其实质是对被测流体作温度和压力的修正. 如果被测流体的成分发生变化，这种方法就不能确定质量流量.

间接式质量流量计在工业上应用较早，目前主要应用于以下场合：

(1) 温度、压力变化较小；

(2) 被测气体可近似为理想气体；

(3) 被测流体的温度与密度呈线性关系.

(二) 科里奥利质量流量计

科里奥利质量流量计(简称 CMF)是利用流体在振动管中流动时能产生与流体质量成正比的科里奥利力这个原理制成的，是直接式质量流量计.

1. 基本原理和科里奥利力

由力学理论可知，当一个位于旋转系内的质点做朝向或者离开旋转中心的运动时，质点要同时受到旋转角速度和直线速度的作用，即受到科里奥利力的作用. 如图 3-3-8 所示，当质量为 m 的质点，以匀速 v，在一个围绕旋转轴 P 以角速度 ω 旋转的管道内，轴向移动时，这个质点将获得两个加速度分量：

(1) 法向加速度，即向心加速度 a_r，其值等于 $\omega^2 r$，方向指向 P 轴.

(2) 切向加速度，即科里奥利加速度 a_t，其值等于 $2\omega v$，方向与 a_r 垂直，正方向符合右手定则，如图 3-3-8 所示.

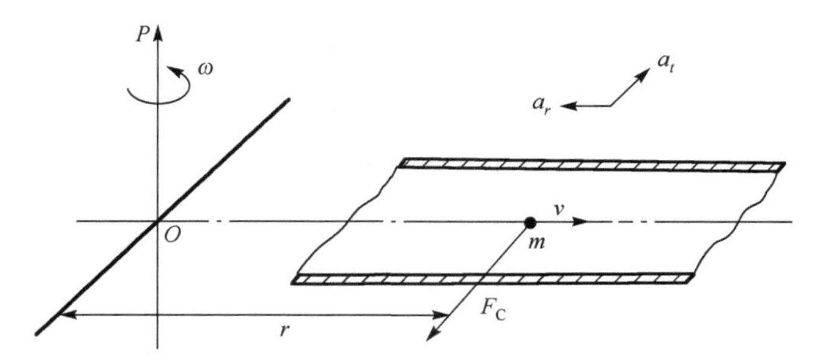

图 3-3-8　科里奥利力的产生原理

为了使质点具有科里奥利加速度 a_t，需在 a_t 的方向上加一个大小等于 $2m\omega v$ 的力，该力来自管道壁面. 根据作用力与反作用力原则，质点也对管壁施加一个大小相等、方向相反的力. 这个力就是质点施加在管道上的科里奥利力 F_C，方向与 a_t 相反，其大小为

$$F_C = 2m\omega v \tag{3-3-25}$$

式中，F_C 为质点所受科里奥利力，单位为 N；m 为质点的质量，单位为 kg；ω 为管道绕 P 轴旋转的角速度，单位为 s^{-1}；v 为质点在管道内匀速运动的速度，单位为 m/s.

同理，当密度为 ρ 的流体以恒定流速 v，沿如图 3-3-8 所示的旋转管道流动时，任何一段长度为 Δx 的管道都将受到一个大小为 ΔF_C 的切向科里奥利力

$$\Delta F_C = 2\omega v\rho A\Delta x \tag{3-3-26}$$

式中，A 为管道的内截面积，单位为 m^2.

由于质量流量 $q_m = \rho vA$，因此从式(3-3-26)可得质量流量为

$$q_m = \frac{\Delta F_C}{2\omega\Delta x} \tag{3-3-27}$$

可见，只要能直接或者间接地测量出在旋转管道中流动的流体作用于管道的科里奥利力，就可以测得流体通过管道的质量流量.

在实际工业应用中，要使流体通过的管道围绕 P 轴以角速度 ω 旋转，显然是不切合实际的. 这也是早期的科里奥利质量流量计始终未能走出实验室的根本原因. 经过几十年的探索，人们终于发现，使管道绕 P 轴以一定频率上下振动，也能使管道受到科里奥利力的作用. 而且，当充满流体的管道以等于或接近于其自振频率的频率振动时，维持管道振动所需的驱动力是很小的. 这样就从根本上解决了科里奥利质量流量计的结构问题.

2. 组成与分类

科里奥利质量流量计主要由传感器和转换器两部分组成. 转换器用于使传感器产生振动，检测时间差 Δt 的大小，并将其转换为质量流量. 传感器用于产生科里奥利力，其核心是测量管(振动管). 科里奥利质量流量计按测量管形状可分为直管型和弯管型两种，按照测量管的数目又可分为单管型和多管型(一般为双管型)两类.

弯管型测量管具有管道刚度小、自振频率低的优点，可以采用较厚的管壁，仪表耐磨、耐腐蚀性能较好，但易存积气体和残渣而引起附加误差. 相反，直管型测量管不易存积气体和残渣，且传感器尺寸小、重量轻，但自振频率高，为使自振频率不至于太高，往往管壁做得较薄，易受磨损和腐蚀. 单管型测量管不分流，测量管中流量处处相等，对稳定零点有好处，也便于清洗，但易受外界振动的干扰，仅见于早期的产品和一些小口径仪表. 双管型测量管由于实现了两管相位差的测量，可降低外界振动干扰的影响.

实际应用中，测量管的形状多采用上述几种类型的组合，主要有 U 形、环形(双环、多环)、直管型(单直、双直)及螺旋形等几种. 尽管科里奥利质量流量计的测量管结构千差万别，但基本原理相同. 下面仅以 U 形管科里奥利质量流量计为例加以介绍.

3. U形管科里奥利质量流量计

1）基本结构

U形管科里奥利质量流量计的基本结构如图3-3-9所示．两根几何形状和尺寸完全相同的U 形测量管（也可以是1根），平行地、牢固地焊接在支撑管上，构成一个音叉，以消除外界振动的影响．被测流体由支撑管进入测量管，流动方向与振动方向垂直．U形管顶端装有电磁驱动器，由激振线圈和永久磁铁组成，用于驱动U形管沿垂直于U形管所在平面方向以*O-O*为轴按固定频率振动．位于U形管的两个直管管端的两个电磁位置检测器用于监控驱动器的振动情况，并以时间差Δt的形式检测出测量管的扭转角，以便通过转换器给出流经传感器的质量流量．

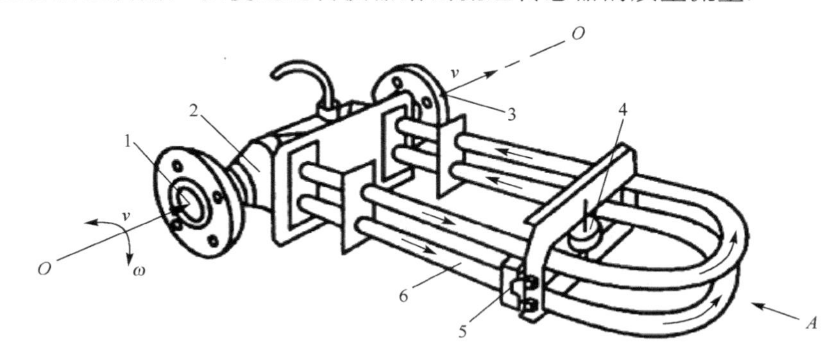

图3-3-9　U形管科里奥利质量流量计的结构示意图

1-流体入口；2-支撑管；3-流体入口；4-驱动器；5-电磁位置检测器；6-测量管

2）测量原理

当U形管内充满流体而流速为零时，U形测量管在驱动器的作用下，按其本身的性质和旋体的质量所决定的固有频率，只绕*O-O*轴进行简单的上下振动而不受科里奥利力的作用，如图3-3-10所示．当有流速为v的流体通过U形测量管时，U形测量管在上下振动的同时，还将受到科里奥利力的作用．

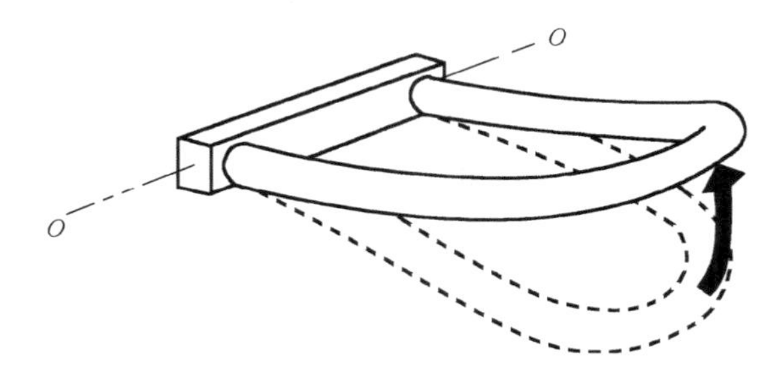

图3-3-10　U形测量管的振动

当U形测量管振动处于由下向上运动的半周期时，由前面的分析可知，从入口到进入弯曲点的流体所受到的科里奥利加速度a_t方向向上．由于科里奥利力F_1的方

向与 a_t 方向相反，故流体对 U 形管的作用力向下，如图 3-3-11 所示. 同理，对于从弯曲点流向出口的流体，将对 U 形管产生向上的科里奥利力 F_2. 这样在流入侧和流出侧，流体所产生的两个作用力的方向是相反的. 在这两个作用力的作用下，将使 U 形测量管发生扭曲，如从图 3-3-9 所示的 A 方向观察 U 形测量管在振动时的扭转情况，可以表示为图 3-3-11. 图中，v_0 为驱动器推动 U 形测量管上下振动的速度.

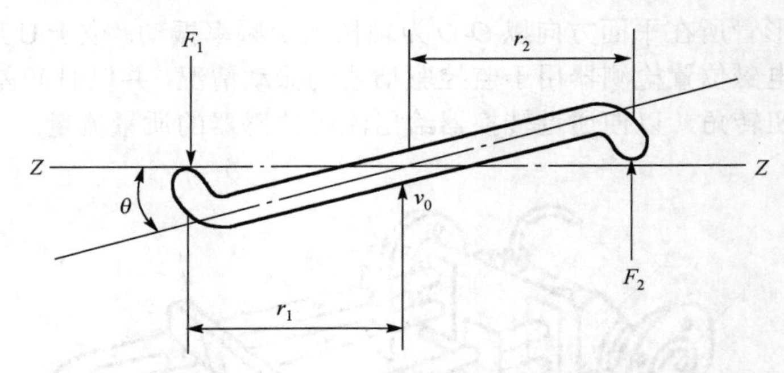

图 3-3-11　U 形测量管端面振动扭转示意图

U 形测量管所受的扭转力矩 M 为

$$M = F_1 r_1 + F_2 r_2 \tag{3-3-28}$$

式中，r_1、r_2 为 U 形测量管各壁到测量管中心线的垂直距离，单位为 m.

因结构完全对称，故有 $F_1 = F_2 = F_C = 2m\omega v$，$r_1 = r_2 = r$，则扭转力矩 M 为

$$M = 2F_C r = 4m\omega vr \tag{3-3-29}$$

式中，m 为被测流体的质量，单位为 kg .

又因为质量流量 $q_m = m/t$，流速 $v = L/t$，t 为时间，L 为 U 形测量管的单侧管长度，则式(3-3-29)可写成

$$M = 4\omega rLq_m \tag{3-3-30}$$

设 U 形测量管的弹性模量为 E_s，扭转角为 θ，由 U 形测量管的刚性作用所形成的反作用力矩为

$$T = E_s\theta \tag{3-3-31}$$

平衡时 $T = M$，则由式(3-3-27)和式(3-3-29)可得

$$q_m = \frac{E_s\theta}{4\omega rL} \tag{3-3-32}$$

3) 扭转角的测量

在整个振动过程中，U 形测量管的管端处于不同位置时，其管端轴线与 Z-Z 水平线间的夹角，即扭转角 θ 是在不断变化的. 在 U 形测量管振动到其最大振幅点时，由于垂直方向的角速度为零，测量管所受科里奥利力也为零，因此扭转角 θ 为零. 只

有在振动行程的中间位置，振动管的振动角速度最大，相应地，科里奥利力和扭转角θ也最大. 在稳定流动时，这个最大角θ是恒定的. 所以，在此处设置一对电磁位置检测器，即可将扭转角θ的大小以时间的形式检测出来.

当测量管振动通过中心位置时，扭曲最大，此时的扭转角θ可表示为

$$\sin\theta = \frac{v_t}{2r}\Delta t \tag{3-3-33}$$

式中，v_t为管端在中心位置时的振动速度，单位为m/s；Δt为入口管端与出口管端越过中心位置的时间差，即两个电磁位置检测器所测得的时间差，单位为s.

前面提到，当流体的流速为零时，即流体不流动时，U形测量管只做简单的上下振动，此时管端的扭曲角θ为零，入口管端和出口管端同时越过中心位置. 随着流量的增大，扭转角θ也增大，而且入口管端先于出口管端越过中心位置的时间差Δt也增大.

由于θ很小，可近似看作$\sin\theta \approx \omega L$，则可得

$$\theta = \frac{\omega L \Delta t}{2r} \tag{3-3-34}$$

将式(3-3-34)代入式(3-3-32)得被测流体的质量流量为

$$q_m = \frac{E_s}{8r^2}\Delta t \tag{3-3-35}$$

由于式(3-3-32)中的E_s和r是分别由U形测量管材质和几何尺寸所确定的常数，因而科里奥利质量流量计中的质量流量q_m仅与通过安装在U形管端部的两个电磁位置检测器所测出的时间差Δt成正比，而与被测流体的物性参数和测量条件(U形测量管的角速度ω和振动速度v_t)无关，有利于去除各种干扰因素.

科里奥利质量流量计的特点如下.

(1)优点.

(a)准确度高，一般为±0.25%，最高可达±0.1%.

(b)可实现直接的质量流量测量，与被测流体的温度、压力、黏度和组分等参数无关.

(c)不受管内流动状态的影响，无论是层流还是湍流都不影响测量准确度，对上游侧的流速分布不敏感，无前后直管段要求.

(d)无阻碍流体流动的部件，无直接接触和活动部件，免维护.

(e)量程比较宽，最高可达100:1.

(f)可进行各种液体(包括含气泡的液体、深冷液体)和高黏度(1Pa·s以上)、非牛顿流体的测量. 除可测原油、重油、成品油外，还可测果浆、纸浆、化妆品、涂料、乳浊液等，这是其他流量计不具备的特点.

(g) 可进行多参数测量，在测量质量流量的同时，还可同时测得介质密度、体积流量、温度等参数.

(h) 动态特性好.

(2) 缺点.

(a) 由于测量密度较低的流体介质，灵敏度较低，因此不能用于测量低压、低密度的气体，含气量超过某一值的液体，以及气液二相流.

(b) 对外界振动干扰较敏感，对流量计的安装固定有较高要求.

(c) 适合 DN150mm ~ DN200mm 以下中小管径的流量测量，大管径的使用还受到一定的限制.

(d) 压力损失较大，大致与容积式流量计相当.

(e) 被测介质的温度不能太高，一般不超过 205℃.

(f) 大部分型号的 CMF 有较大的体积和重量.

(g) 测量管内壁磨损、腐蚀或沉积结垢会影响测量准确度，尤其对薄壁测量管的 CMF 更为显著.

(h) 价格昂贵，约为同口径电磁流量计的 2 ~ 5 倍或更高.

(i) 零点稳定性较差，使用时存在零点漂移问题.

四、涡轮流量计

(一) 涡轮流量计结构

涡轮流量计一般由涡轮变送器和显示仪表组成，也可做成一体式涡轮流量计，涡轮变送器的结构如图 3-3-12 所示，主要包括壳体、导流器、轴和轴承组件、涡轮和磁电转换器.

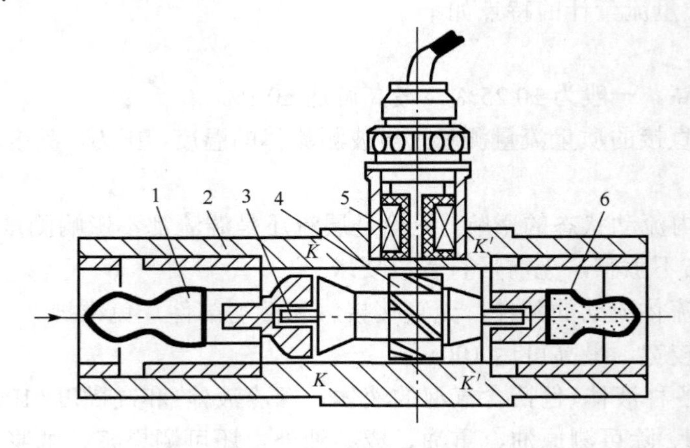

图 3-3-12　涡轮变送器结构

1-前导流器；2-壳体支撑；3-轴和轴承组件；4-涡轮；5-磁电转换器；6-后导流器

1. 涡轮

涡轮是流量计的核心测量元件，其作用是把流体的动能转换成机械能. 涡轮由摩擦力很小的轴和轴承组件支承，与壳体同轴，其叶片数视口径大小而定，通常为2～8 片. 叶片有直板叶片、螺旋叶片和丁字形叶片等几种. 涡轮几何形状及尺寸对传感器性能有较大影响，因此要根据流体性质、流量范围、使用要求等进行设计. 涡轮的动态平衡很重要，直接影响仪表的性能和使用寿命，为提高对流速变化的响应性，涡轮的质量要尽可能小.

2. 导流器

导流器由导向片及导向座组成，作用有两点：

(1) 用以导直被测流体，以免因流体的旋涡而改变流体与涡轮叶片的作用角，从而保证流量计的准确度；

(2) 在导流器上装有轴承，用以支承涡轮.

3. 轴和轴承组件

变送器失效通常是由轴和轴承组件引起的，因此它决定着传感器的可靠性和使用寿命，其结构设计、材料选用和定期维护至关重要. 在设计时应考虑轴向推力的平衡，流体作用于涡轮上的力使涡轮转动，同时也给涡轮一个轴向推力，使轴承的摩擦转矩增大. 为了抵消这个轴向推力，在结构上采取各种轴向推力平衡措施，主要有：

(1) 采用反推力方法实现轴向推力自动补偿. 从涡轮轴体的几何形状可以看出，当流体流过 K-K 截面积时，流速变大而静压力下降，以后随流通面积的逐渐扩大而静压力逐渐上升，因而在收缩截面 K-K 和 K'-K'之间就形成了不等静压场，并对涡轮产生相应的作用力. 由于该作用力沿涡轮轴向的分力与流体的轴向推力反向，可以抵消流体的轴向推力，减小轴承的轴向负荷，进而提高变送器的寿命和准确度.

(2) 采取中心轴打孔的方式，通过流体实现轴向力自动补偿.

另外，减小轴承磨损是提高测量准确度、延长仪表寿命的重要环节. 目前常用的轴承主要有滚动轴承和滑动轴承(空心套形轴承)两种. 滚动轴承虽然摩擦力矩很小，但对脏污流体或腐蚀性流体的适应性较差，寿命较短. 因此，目前仍广泛应用滑动轴承. 为了彻底解决轴承磨损问题，我国目前正在研制生产无轴承的涡轮流量变送器.

4. 磁电转换器

磁电转换器由线圈和磁钢组成，安装在流量计壳体上，它可分为磁阻式和感应式两种. 磁阻式将磁钢放在感应圈内，涡轮叶片由导磁材料制成. 当涡轮叶片旋转通过磁钢下面时，磁路中的磁阻改变，使得通过线圈的磁通量发生周期性变化，因而在线圈中感应出电脉冲信号，其频率就是转过叶片的频率. 感应式是在涡轮内腔放置磁钢，涡轮叶片由非导磁材料制成，磁钢随涡轮旋转，在线圈内感应出电脉冲信号. 由于磁阻式比较简单、可靠，并可以提高输出信号的频率，所以使用较多.

为提高抗干扰能力和增大信号传送距离，在磁电转换器内装有前置放大器.除磁电转换方式外，也可用光电元件、霍尔元件、同位素等方式进行转换.

(二) 工作原理和流量方程

1. 工作原理

涡轮流量计是基于流体动量矩守恒原理工作的. 被测流体经导直后沿平行于管道轴线的方向以平均速度 v 冲击叶片，使涡轮转动，在一定范围内，涡轮的转速与流体的平均流速成正比，通过磁电转换装置将涡轮转速变成电脉冲信号，经放大后送给显示记录仪表，即可以推导出被测流体的瞬时流量和累积流量.

2. 流量方程

涡轮叶片与流体流向成 θ 角，流体平均流速 v 与叶片的相对速度 v_1 和切向速度 v_2 的关系如图 3-3-13 所示，则切向速度 v_2 为

$$v_2 = v\tan\theta \tag{3-3-36}$$

式中，v_2 为切向速度，单位为 m/s；v 为被测流体的平均流速，单位为 m/s；θ 为流体流向与涡轮叶片的夹角.

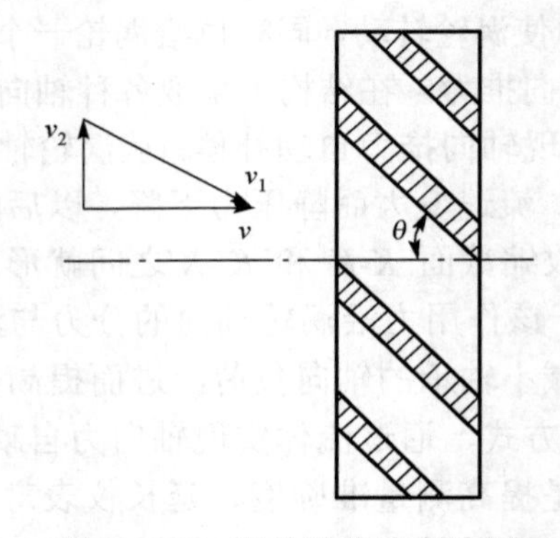

图 3-3-13 涡轮叶片速度分解

当涡轮稳定旋转时，叶片的切向速度为

$$v_2 = 2\pi Rn \tag{3-3-37}$$

式中，n 为涡轮的转速，单位为 s^{-1}；R 为涡轮叶片的平均半径，单位为 m.

磁电转换器所产生的脉冲频率 f 为

$$f = nZ \tag{3-3-38}$$

式中，Z 为涡轮叶片的数目.

联立式(1-3-55)和式(1-3-56)，可得涡轮流量计的体积流量公式为

$$q_V = vA = \frac{2\pi RA}{Z\tan\theta}f = \frac{1}{\xi}f \tag{3-3-39}$$

式中，A 为涡轮形成的流通截面积，单位为 m^2；ξ 为涡轮流量计的流量系数，$\xi = \dfrac{Z\tan\theta}{2\pi RA}$.

3. 流量系数

涡轮流量计流量系数 ξ 的含义是单位体积流量通过磁电转换器所输出的脉冲数，它是涡轮流量计的重要特性参数. 由式(3-3-39)可见，对于一定的涡轮结构，流量系数为常数. 因此流过涡轮的体积流量 q_V 与脉冲频率 f 成正比. 但应注意，式(3-3-39)是在忽略各种阻力力矩的情况下导出的. 实际上，作用在涡轮上的力矩，除推动涡轮旋转的主动力矩外，还包括以下 3 种阻力矩：

(1) 由流体黏滞摩擦力引起的黏性摩擦阻力矩；

(2) 由轴承引起的机械摩擦阻力矩；

(3) 由于叶片切割磁力线而引起的电磁阻力矩.

因此，在整个流量测量范围内流量系数不是常数，它与流量间的关系曲线如图 3-3-14 所示. 由图中可见，在流量很小时，即使有流体通过变送器，涡轮也不转动，只有流量大于某个最小值，克服了各种阻力矩时，涡轮才开始转动. 这个最小流量值被称为始动流量值，它与流体的密度呈平方根关系，所以变送器对密度较大的流体敏感. 在小流量时，ξ 值变化很大，这主要是由于各种阻力矩之和在主动力矩中占较大比例造成的. 当流量大于某一数值后，ξ 值才近似为一个常数，这就是涡轮流量计的工作区域. 当然，由于轴承寿命和压损等条件的限制，涡轮也不能转得太快，所以涡轮流量计和其他流量仪表一样，也有测量范围的限制.

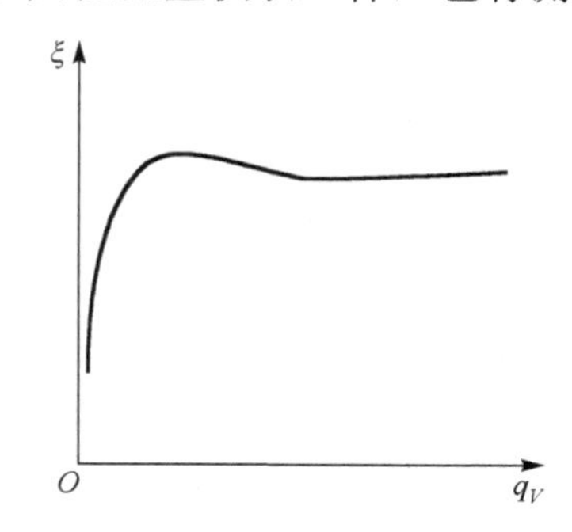

图 3-3-14 流量系数与流量的关系曲线

(三) 涡轮流量计的特点和使用

1. 涡轮流量计的特点

(1) 优点.

涡轮流量计主要用于准确度要求高、流量变化快的场合，还用作标定其他流量计的标准仪表.

(a) 准确度高，可达到 0.5 级以上，在小范围内可达 ±0.1%；复现性和稳定性均好，短期重复性可达 0.05%～0.2%，可作为流量的准确计量仪表.

(b) 对流量变化反应迅速，可测脉动流量. 被测介质为水时，其时间常数一般只有几毫秒到几十毫秒，可进行流量的瞬时指示和累积计算.

(c) 线性好、测量范围宽，量程比可达(10～20):1，有的大口径涡轮流量计甚至可达 40:1，故适用于流量大幅度变化的场合.

(d) 耐高压，承受的工作压力可达 16MPa.

(e) 体积小，且压力损失也很小，压力损失在最大流量时小于 25kPa.

(f) 输出为脉冲信号，抗干扰能力强，信号便于远传及与计算机相连.

(2) 缺点.

(a) 制造困难，成本高.

(b) 由于涡轮高速转动，轴承易损，降低了长期运行的稳定性，影响使用寿命.

(c) 对被测流体清洁程度要求较高，适用温度范围小，约为 –20～120℃.

(d) 不能长期保持校准特性，需要定期校验.

2. 涡轮流量计的使用

通过前面的结构和原理分析可知，使用涡轮流量计时必须注意以下几点：

(1) 要求被测介质洁净，黏度低，腐蚀性小，不含杂质，以减少对轴承的磨损. 如果被测液体易汽化或含有气体，要在流量计前装消气器. 为避免流体中杂质进入变送器损坏轴承，以及为防止涡轮被卡住，必要时加装过滤装置.

(2) 流量计的安装应避免振动，避免强磁场及热辐射.

(3) 介质的密度和黏度的变化对流量示值有影响，必要时应做修正.

(4) 密度影响. 由于变送器的流量系数一般是在常温下用水标定的，所以密度改变时应该重新标定. 对于液体介质，密度受温度、压力的影响很小，所以可以忽略温度、压力变化的影响. 对于气体介质，由于密度受温度、压力影响较大，除影响流量系数外，还直接影响仪表的灵敏度. 图 3-3-15 是气体涡轮流量计在不同压力下变送器的流量系数特性曲线，从中可见，工作压力对流量系数具有较大的影响，使用时应时刻注意其变化. 虽然涡轮流量计时间常数很小，很适于测量由于压缩机冲击引起的脉动流量. 但是用涡轮流量计测量气体流量时，必须对密度进行补偿.

(5) 黏度的影响. 涡轮流量计的最大流量和线性范围一般是随着黏度的增高而减小. 对于液体涡轮流量计，流量系数通常是用常温水标定的，因此实际应用时，只适于与水具有相似黏度的流体，水的运动黏度为$10^{-6}\,\mathrm{m^2/s}$，如实际流体运动黏度超过$5\times10^{-6}\,\mathrm{m^2/s}$，则必须重新标定.

(6) 仪表的安装方式要求与校验情况相同，一般要求水平安装，仪表受来流流速分布畸变和旋转流等影响较大，例如，泵或管道弯曲会引起流体的旋转而改变了流体和涡轮叶片的作用角度，这样即使是稳定的流量，涡轮的转数也会改变. 因此，

除在变送器结构上装有导流器外，还必须保证变送器前后有一定的直管段，一般入口直管段的长度取管道内径的 20 倍以上，出口取 5 倍以上，否则需用整流器整流.

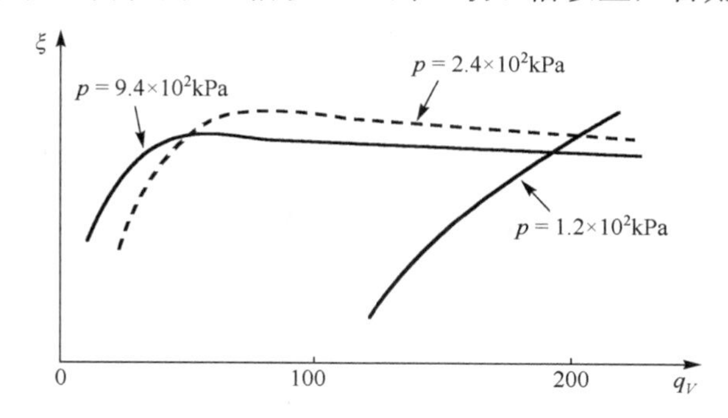

图 3-3-15 气体涡轮流量计压力变化对流量系数的影响

1-$p=9.4\times10^2$ kPa；2-$p=2.4\times10^2$ kPa；3-$p=1.2\times10^2$ kPa

参考文献

潘汪杰，文群英. 2015. 热工测量及仪表[M]. 3 版. 北京：中国电力出版社.
朱小良，方可人. 2011. 热工测量及仪表[M]. 3 版. 北京：中国电力出版社.

误差与数据

第一节　测量误差的基本概念

一、真值与误差

(一) 真值与测量

真值：一个特定的物理量在一定条件下所具有的客观量值，一般用 x_0 表示.

测量值：通过测量得到的结果，一般用 x 表示.

测量的目的是得到被测量的真实值，然而在任何一次实验中，不管使用多么精密的实验仪器，测量方法多么完善，操作多么细心，由于受到计量器具本身误差和测量条件等因素的影响，都不可避免地会产生误差，使得测量结果并非真值而是测量值. 因此，对于每次测量，需要知道测量误差是否在允许范围内. 知道测量误差后，需找出测量误差产生的原因，并设法避免或减少产生误差的因素，提高测量的精度. 对测量误差进行分析和研究，求出测量误差的大小或变化规律，修正测量结果并判断测量的可靠性.

(二) 绝对误差与相对误差

一个测量值 x 与真值 x_0 之间总是存在着差值，这种差值称为测量误差，即

$$\Delta x = x - x_0 \tag{4-1-1}$$

显然测量误差 Δx 有正负之分，因为它是指测量值与真值之间的差值，常称为绝对误差. 注意，绝对误差不是误差的绝对值.

绝对误差与真值之比的百分数称为相对误差 δ，即

$$\delta = \frac{\Delta x}{x_0} \times 100\% \tag{4-1-2}$$

相对误差是无量纲量，当测量值不同且相差较大时，用它更能清楚地比较或反映测量值的准确性.

以上计算式要有真值才能求出结果，而真值具有不确定的本性，故实际中常用对被测量进行多次重复测量所得的平均值作为约定真值.

二、测量误差的分类

按照误差的特点与性质，测量误差可分为粗大误差、系统误差、随机误差三类.

(一)粗大误差

明显歪曲了测量结果，使该次测量失效的误差称为粗大误差. 含有粗大误差的测量值称为坏值. 出现坏值的原因有：测量者的过失，如读错、记错测量值；操作错误；测量系统突发故障等. 在测量时一旦发现坏值，应重新测量. 若已离开测量现场，则应根据统计检验方法来判别是否存在粗大误差，以决定是否剔除坏值，但不应无根据轻率地剔除测量值.

剔除测量值的方法有拉依达准则(3σ 准则)、格拉布斯准则.

1. 拉依达准则(3σ 准则)

对某量进行 n 次等精度的重复测量，得到 $x_1, x_2, \cdots, x_n$，则任一数据相应的残差绝对值$|\Delta x_i|$为

$$|\Delta x_i| = |x_i - \overline{x}|$$

其中，$\overline{x}$ 表示此组数据的平均值.

这组数据的标准偏差估计值为

$$\sigma = \sqrt{\frac{1}{n-1}\sum_{i=1}^{n}(x_i - x)^2} \tag{4-1-3}$$

如果$|\Delta x_i| > 3\sigma$，那么可以认为该测量值存在粗大误差，故拉依达准则又称 3σ 准则. 按上述准则剔除坏值后，应重新计算剔除坏值后测量列的算术平均值和标准误差估计值，再进行判断，直至余下的测量值中再无坏值存在.

用此准则判断粗大误差的存在，虽然方法简单，但它是依据正态分布得出的. 当子样容量不是很大时，由于所取界限太宽，不能剔除坏值的可能性较大. 特别是当子样容量 $x<10$ 时，尤其严重，所以目前都推荐使用以 t 分布为基础的格拉布斯准则.

2. 格拉布斯准则

将重复测量值按大小顺序重新排序，$x_1 \leqslant x_2 \leqslant \cdots \leqslant x_n$，用下式计算首、尾测量

值的格拉布斯准则数 $g_{(i)}$：

$$g_{(i)} = \frac{|x_i - \overline{x}|}{\sigma} \geqslant g_{0(n,\ a)} \quad (i\text{为}1\text{或}n) \tag{4-1-4}$$

然后根据子样容量 n 和所选取的判读显著性水平 a（a 值根据具体问题选择，即不含过失误差的概率为 $a = p\left[\frac{|x_i - \overline{x}|}{\sigma} \geqslant g_{0(n,\ a)}\right]$），从表 4-1-1 中查得相应的格拉布斯准则临界值 $g_{0(n,\ a)}$. 若 $g_{(i)} \geqslant g_{0(n,\ a)}$，则可认为 x_i 为坏值，应剔除. 每次只剔除一个测量值. 若 $g_{(1)}$ 和 $g_{(n)}$ 都不小于 $g_{(n,a)}$，则应先剔除 $g_{(i)}$ 中的大者，再重新计算 $\overline{x}$ 和 σ，这时子样容量只有 $n-1$，再进行判断，直至余下的测量值中再未发现坏值.

表 4-1-1　格拉布斯准则表

$g_{0(n,\ a)}$ n \ a	0.01	0.05	$g_{0(n,\ a)}$ n \ a	0.01	0.05
3	1.16	1.15	17	2.78	2.48
4	1.49	1.46	18	2.82	2.50
5	1.75	1.67	19	2.85	2.53
6	1.94	1.82	20	2.88	2.56
7	2.10	1.94	21	2.91	2.58
8	2.22	2.03	22	2.94	2.60
9	2.32	2.11	23	2.96	2.62
10	2.41	2.18	24	2.99	2.64
11	2.48	2.23	25	3.01	2.66
12	2.55	2.28	30	3.10	2.74
13	2.61	2.33	35	3.18	2.81
14	2.66	2.37	40	3.24	2.87
15	2.70	2.41	45	3.34	2.96
16	2.75	2.44	50	3.59	3.17

（二）系统误差

系统误差是测量值中所含有的不变的或按某种确定规律变化的误差，前者称为恒值系统误差，后者称为变值系统误差. 用重复测量并不能减小恒值系统误差对测量结果的影响，也难以发现变值系统误差. 有时误差数值可能很大，例如，测量高温烟气温度时，测温元件对冷壁的辐射散热可能引起上百摄氏度的误差，因此，测量中要特别重视这项误差. 通过对测量对象与测量方法的具体分析，改变测量条件或者测量方法进行对比分析，对测量系统进行检定等来发现系统误差，并找出引起误差的原因和误差的规律. 通常可采用计算或补偿装置对测量值进行修正，以消除系统误差.

1. 恒值系统误差

恒值系统误差的存在只影响测量结果的准确度，并不影响测量的精密度，可用更准确的测量系统和测量方法相比较来发现恒值系统误差，并提供修正值. 采用"交换法"测量技术对消除恒值系统误差有一定的作用. 例如，用天平称重时，交换砝码与被测物的左右位置，取两次称重平均值作测量结果，可消除天平臂长不等引起的系统误差. 又如，用平衡电桥测电阻，用交换电阻两接点来消除接触电动势造成的误差等.

2. 变值系统误差

根据变化的特点，变值系统误差可分为：①累积系统误差，测量过程中它是随时间增大或减小的，其产生的原因往往是元件老化或磨损、工作电池电压下降等；②周期性系统误差，测量过程中它的大小和符号均按一定周期发生变化，如秒表指针与度盘不同心就会产生这种误差；③复杂变化的系统误差，这是一种变化规律仍未被认识的系统误差，即未定系统误差.

采用适当的测量方法有助于消除或减少变值系统误差对测量结果的影响. 例如，用对称观测法来消除线性变化累积系统误差的影响. 在用电势差计法测量电阻值时，为消除电池电压下降引起工作电流减小带来的误差，在相等的时间间隔内先测标准电阻上的电压降，再测被测电阻上的电压降，最后再测标准电阻上的电压降，用两次测得的标准电阻上电压降的平均值以及被测电阻上电压降和标准电阻值来计算被测电阻值. 又如，用半周期偶数观测法来消除周期性变化的系统误差. 当误差变化周期已知时，在测得一个数据后，间隔半个周期再测一个数据，取两者平均值作为测量结果.

3. 变值系统误差存在与否的检验

在容量相当大的测量中，如果存在变值系统误差，那么测量值的分布将偏离正态分布特性. 可借助考察测量值残差的变化情况或利用某些较简捷的判据来检验变值系统误差的存在与否.

1)根据测定值残差的变化检验

将测量值按测量的先后次序排列，若残差的代数值有规则地向一个方向变化，则测量列中可能有累积系统误差；若残差的符号呈规律性交替变化，则含有周期性系统误差. 这种方法，只有在变值系统误差比随机误差大时，才是有效的.

2)用马尔可夫准则检验

按测量先后顺序排列测量值，用前一半测量值残差之和减去后一半测量值残差之和，若差值显著地异于零，则认为测量列含有累积的系统误差. 实际上，当测量次数 n 很大时，只要差值不等于零，一般可认为测量列含有累积系统误差；但当 n 不太大时，一般认为只有当差值大于测量列中的最大残差时，才能判定测量列中含有累积系统误差.

3) 用阿贝准则检验

按测量先后顺序排列测量值，求出测量值的标准误差估计值σ，计算统计量$C=\sum_{i=1}^{n-1}\Delta x_i \Delta x_{i+1}$. 若$|C|>\sqrt{n-1}\sigma^2$，则可以认为该测量列中含有周期性系统误差.

(三) 随机误差

在同一条件下(同一观测者、同一台测量器具、相同的环境条件等)多次测量同一被测量时，绝对值和符号不可预知地变化着的误差称为随机误差. 对于单个测量值来说，这类误差的大小和正负都是不确定的，但对于一系列重复测量值来说，这类误差的分布服从统计规律. 因此，随机误差只有在不改变测量条件的情况下，对同一被测量进行多次测量才能计算出来.

随机误差大多是由测量过程中大量彼此独立的微小因素对测量影响的综合结果造成的，这些因素通常是测量者所不知道的，或者因其变化过分微小而无法加以严格控制，如气温和电源电压的微小波动、气流的微小改变等.

值得指出，随机误差与系统误差之间既有区别又有联系，二者并无绝对的界限，在一定条件下它们可以相互转化. 随着测量条件的改善、认识水平的提高，一些过去视为随机误差的测量误差可能分离出来作为系统误差处理.

1. 随机误差的分布规律

一般实验测量结果的随机误差服从正态分布规律，正态分布曲线呈对称钟形，两头小，中间大，曲线有最高点，即实验测量数据结果落在中间位置的概率大，落在两头的概率小. 标准化正态分布曲线如图 4-1-1 所示. 图中横坐标x表示某一物理量的测量值，纵坐标表示测量值的概率密度$f(x)$

$$f(x)=\frac{1}{\sigma\sqrt{2\pi}}\exp\left[-\frac{(x-x_0)^2}{2\sigma^2}\right] \tag{4-1-5}$$

$$\sigma=\sqrt{\frac{1}{n}\sum_{i=1}^{n}(x_i-x_0)^2} \tag{4-1-6}$$

式中，σ为正态分布标准偏差；x_0为真值；x为测量值.

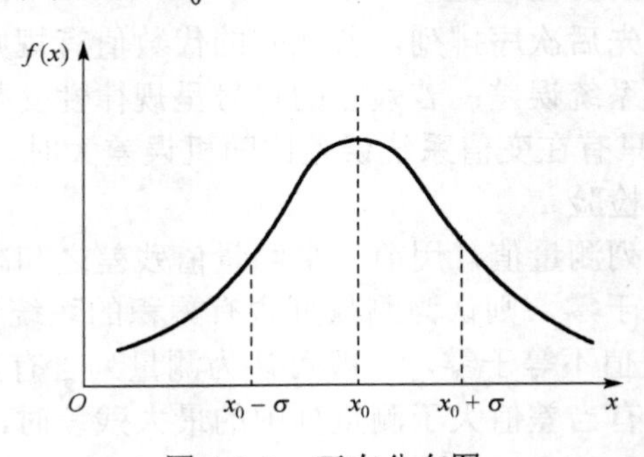

图 4-1-1　正态分布图

从图 4-1-1 中可以得出下面的结论：

(1) 随机误差绝对值相等的正负误差出现的概率相等.

(2) 绝对值大的误差出现的概率小，绝对值小的误差出现的概率大.

(3) 绝对值的有限性. 绝对值大的误差出现的概率趋近于零，因而测量中误差特大的测量值可以舍去.

由曲线的对称性可知，随机误差的总和有一定的补偿性，用公式表示为

$$\frac{1}{n}\lim_{n\to\infty}\sum_{i=1}^{n}(x_i - x_0) = 0 \tag{4-1-7}$$

2. 正态分布的置信区间

对于正态分布的随机误差，根据概率论可计算出测量值落在[$-\sigma$，$+\sigma$]区间的概率为

$$p\{|x_i| \leqslant \sigma\} = \int_{-\sigma}^{+\sigma}\frac{1}{\sqrt{2\pi}}\exp\left(-\frac{\Delta x^2}{2\sigma^2}\right)\mathrm{d}(\Delta x) = 0.683 \tag{4-1-8}$$

该结果的含义：在进行大量等精度测量时，测量值落在区间[$x_0-\sigma, x_0+\sigma$]（该区间在概率论中称为置信区间）内的概率（在概率论中称为置信概率）为 0.683. 同样可以求出随机误差落在[$-2\sigma,+2\sigma$]、[$-3\sigma,+3\sigma$]区间的概率分别为 0.955、0.997. 落在[$-3\sigma,+3\sigma$]区间内的概率为 99.7%，而落在外面的只有 0.3%，即每测 1000 次其误差绝对值大于3σ的次数仅有 3 次. 因此，在有限次的测量中，就认为不会出现大于3σ的误差，故把3σ定为极限误差，或称为最大误差.

三、测量的精密度、准确度和精确度

测量的精密度、准确度和精确度是用来评价测量结果的术语.

（一）精密度

测量精密度表示在同样测量条件下，对同一物理量进行多次测量，所得结果彼此间相互接近的程度，以及测量结果的重复性、测量数据的弥散程度，因而测量精密度是测量随机误差的反映. 测量精密度可用仪器的最小分度表示，仪器的最小分度越小，所测量物理量的位数越多，仪器精密度就越高.

（二）准确度

测量准确度表示测量结果与真值接近的程度，因而它是系统误差的反映. 测量准确度高，则测量数据的算术平均值偏离真值较小，测量的系统误差小，但数据较分散，随机误差的大小不确定. 它一般标在仪器上或写在仪器说明书上，如电学仪表所标示的级别就是该仪器的准确度.

(三)精确度

测量精确度是对测量的随机误差及系统误差的综合评定．精确度高，测量数据较集中在真值附近，测量的随机误差及系统误差都比较小．

如图 4-1-2 所示，可用射击打靶的例子来描述三者之间的关系．

图 4-1-2(a)中，弹着点集中于靶心，相当于随机误差和系统误差均小，而精密度和准确度都高，从而精确度亦高．

图 4-1-2(b)中，弹着点集中，但偏向一方，命中率不高，相当于系统误差大而随机误差小，则精密度高，准确度低．

图 4-1-2(c)中，弹着点全部在靶上，但分散，相当于系统误差小而随机误差大，则精密度低，准确度高．

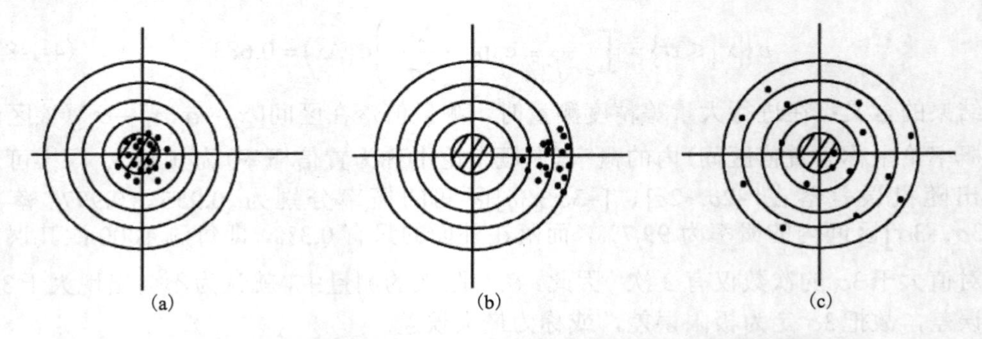

图 4-1-2　测量精确度、随机误差及系统误差的关系示意图

第二节　实验误差分析

一、直接测量误差的分析和处理

(一)真值估算

在相同条件下对某物理量进行 n 次等精度重复测量，每次的测量值分别为 $x_1, x_2, \cdots, x_n$，根据最小二乘法原理可知被测量真值的最佳估计值 x 应为全部测量数据的算数平均值

$$x = \frac{1}{n}\left(x_1 + x_2 + \cdots + x_n\right) = \frac{1}{n}\lim_{n\to\infty} x_i \qquad (4\text{-}2\text{-}1)$$

当系统误差为零时，随测量次数 n 的增加，算数平均值和真值接近，当测量次数 n 增加到无穷大时，算术平均值 x 会依概率收敛于真值 x_0．

（二）样本的标准误差

可以证明，用贝塞尔公式得到这组数据的标准偏差的估计值为

$$\sigma=\sqrt{\frac{1}{n-1}\sum_{i=1}^{n}\left(x_i-x\right)^2} \tag{4-2-2}$$

（三）样本均值的标准误差

如果在相同条件下，对同一量做多组重复的系列测量，则每一系列测量都有一个算数平均值. 由于随机误差的存在，两个测量列的算数平均值也不相同. 它们围绕着被测量的真值(设系统误差分量为零)有一定的分散. 此分散说明了算数平均值的不可靠性，而算数平均值的标准偏差 $\hat{\sigma}$ 则是表征同一被测量的各个测量列算数平均值分散性的参数，可作为算数平均值不可靠性的评价标准. 可以证明

$$\hat{\sigma}=\sqrt{\frac{1}{(n-1)n}\sum_{i=1}^{n}\left(x_i-\overline{x}\right)^2}$$

（四）测量结果的表示

多次重复测量的测量结果一般可表示为，在一定置信概率下，以测量值子样平均值为中心，以置信区间半长为误差限的量，即

测量结果 X=子样平均值 $\overline{x}\pm$ 置信区间半长 a(置信概率 P)

例如，$X=\overline{x}\pm 3\hat{\sigma}$ (P=99.73%), $X=\overline{x}\pm 2\hat{\sigma}$ (P=95.45%).

二、间接测量的误差分析和处理

（一）间接测量的最佳估计值

设间接测量值 y 是直接测量值 $x_1,x_2,\cdots,x_n$ 的函数，其函数的一般形式为

$$y=f\left(x_1,x_2,\cdots,x_n\right)$$

则间接测量值的最佳估计值可由与其有关的各直接测量值 x_{Kl}(其中下标 K 代表第 K 个测量值,第二个下标代表对第 K 个测量值进行了 m 次测量后得到的第 l 次测量值)的算术平均值 $\overline{x}_k=\dfrac{1}{m}\overline{z}_l x_{kl}$ 代入函数关系求得，即

$$y=f\left(\overline{x}_1,\overline{x}_2,\cdots,\overline{x}_n\right)$$

（二）间接测量的标准误差的估计值

若各直接测量值是相互独立的，则间接测量值的标准偏差是直接测量值的标准

误差和函数对该直接测量值的偏导数乘积的平方求和的平方根，即

$$\sigma_y = \sqrt{\sum_{i=1}^{m}\left(\frac{\partial f}{\partial x_i}\right)^2 \sigma_{xi}^2} \tag{4-2-3}$$

上式称为随机误差传递公式，其中 $\frac{\partial f}{\partial x_i}$ 为第 i 个直接测量值的误差传递系数，表示该测量值误差对间接测量值误差影响的大小.

若各直接测量有相关量存在，则一定要把其中相关的量分解为独立的基本量，或者用实验方法测定相关量之间的相关系数，并在式中的根号中附加 $2\left(\frac{\partial f}{\partial x_i}\right)\left(\frac{\partial f}{\partial x_k}\right)\rho_{jk}\sigma_{xj}\sigma_{xk}$ 项，其中 x_i、x_k 为相关的两直接测量量，ρ_{jk} 为它们之间的相关系数.

第三节　实验数据处理和整理

一、数据处理

热工实验中测量得到的许多数据需要处理后才能表示测量的最终结果. 用简明而严格的方法把实验数据所代表的事物内在规律性提炼出来就是数据处理. 数据处理的目的是要恰当地处理测量所得的数据，最大限度地减少测量所得误差的影响，以便给出一个尽可能精确的结果，并对这一结果的精确度做出评价.

通过对同一量进行多次等精度的测量，得到一组数据 $x_1, x_2, \cdots, x_n$，其处理的一般过程如下：

(1)将测量得到的数据 $x_1, x_2, \cdots, x_n$，排列成表；

(2)利用本章第一节第二部分中的方法剔除异常数据；

(3)利用本章第一节第二部分中的方法修正数据中的系统误差；

(4)最后剩下的数据的误差可认为由随机误差带来；

(5)按照本章第二节第一部分和第二部分求出所需数据的估计值；

(6)按照本章第二节第一部分和第二部分求出所需数据的标准偏差的估计值.

二、数据整理

实验数据整理的一般方法有列表法、图解法、公式法.

1. 列表法

列表法是将实验数据制成表格，它显示了各个变量间的对应关系，反映出变量之间的变化规律，它是绘制曲线的基础. 对一个物理量进行多次测量或研究几个量之间的关系时，往往借助于列表法把实验数据整理列成表格. 其优点是，使大量数据表达清晰醒目，条理化，易于检查数据和发现问题，避免差错，同时有助于反映出物理量之间的对应关系.

列表没有统一的格式，但所设计的表格要能充分反映上述优点，并应注意几点：

(1)各栏目均应注明所记录的物理量的名称(符号)和单位；

(2)栏目的顺序应充分注意数据间的联系和计算顺序，力求简明、齐全、有条理；

(3)表中的原始测量数据应正确反映有效数字，数据不能随便涂改，确实要修改数据的，应将原来数据画条杠以备随时查验；

(4)对于函数关系的数据表格，应按自变量由小到大或由大到小的顺序排列，以便判断和处理.

实验记录表(流体力学)见表 4-3-1，计算结果见表 4-3-2.

表 4-3-1　实验记录表(流体力学)

序号	数字电表读数/(N/S)	直管阻力压差计读数		局部阻力压差系数	
		左/mm	右/mm	左/mm	右/mm
1					
2					
3					

表 4-3-2　计算结果表

序号	流量/(m^3/s)	u/(m/s)	Re/($\times 10^4$)	H_f/mmH_2O	λ	H_j/mmH_2O	ζ
1							
2							
3							

2. 图解法

图解法是将实验数据绘制成曲线，它直观地反映出变量之间的关系. 在报告和论文中几乎都能看到，而且为整理成数学模型(方程式)提供了必要的函数形式. 图线能够直观地表示实验数据之间的关系，找出物理规律，因此图解法是数据处理的重要方法之一.

图解法处理实验数据，首先要画出合乎规范的图线，其要点如下：

(1)选择合适的坐标，如直角坐标、对数坐标、极坐标等；

(2)注明坐标轴所代表物理量的符号和单位；

(3) 实验数据点需要标出，不同数据点应采用不同记号区分；

(4) 由实验数据点描绘出平滑的实验曲线或者给出拟合曲线；

(5) 给出注解与说明：在图纸上要写明图线的名称、坐标比例及必要的说明(主要指实验条件)，并在恰当的地方注明作者姓名、日期等.

例：舍伍德(Sherwood)利用七种不同流体对流过圆形直管的强制对流传热进行研究，并取得大量数据，采用幂函数形式进行处理，其函数形式为

$$Nu = BRe^{m}Pr^{n} \tag{4-3-1}$$

式中，Nu 随 Re 及 Pr 而变化，将上式两边取对数，采用变量代换，使之化为二元线性方程形式

$$\log Nu = \log B + m\log Re + n\log Pr \tag{4-3-2}$$

令 $y = \log Nu$, $x_1 = \log Re$, $x_2 = \log Pr$, $a = \log B$，上式即可表示为二元线性方程式：

$$y = a + mx_1 + nx_2 \tag{4-3-3}$$

先将式(4-3-2)改变为以下形式，确定常数 n(固定变量 Re 值，即 Re 为常数，自变量将减少一个)

$$\log Nu = \left(\log B + m\log Re\right) + n\log Pr \tag{4-3-4}$$

舍伍德将 $Re = 10^4$ 时七种不同流体的实验数据在双对数坐标纸上标绘 Nu 和 Pr 之间的关系. 实验表明，不同 Pr 的实验结果，基本上是一条直线，用这条直线确定 Pr 的指数 n，然后在不同 Pr 及不同 Re 下实验，按下式图解法求解：

$$\log\left(Nu / Pr^{n}\right) = \log B + m\log Re \tag{4-3-5}$$

以 Nu / Pr^{n} 对 Re，在双对数坐标纸上作图，标绘出一条直线. 由这条直线的斜率和截距决定 B 和 m 值. 这样，经验公式中所有待定常数 B、m 和 n 均被确定.

3. 公式法

公式法是借助于数学方法将实验数据按一定函数形式整理成方程即数学模型.

1) 一元线性回归

回归分析是处理变量间相关关系的数理统计方法，是通过一定数量的测量数据进行统计，以找出变量间相互依赖的统计规律. 一元线性回归是处理随机变量和变量之间线性关系的一种方法，也就是说为测量数据配一条直线或直线拟合等. 由一组实验数据拟合出一条最佳直线，常用的方法是最小二乘法. 设物理量 y 和 x 之间满足线性关系，则函数形式为

$$y = a + bx \tag{4-3-6}$$

最小二乘法就是要用实验数据来确定方程中的待定常数 a 和 b，即直线的截距和斜率.

我们讨论最简单的情况，即每个测量值都是等精度的，且假定 x 和 y 值中只有 y 有明显的测量随机误差. 如果 x 和 y 均有误差，只要把误差相对较少的变量作为 y

即可. 由实验测量得到的一组数据（x_i, y_i；i=1,2,…,n），其中 $x=x_i$ 时对应的 $y=y_i$. 由于测量总是有误差的，我们将这些误差归结为 y_i 的测量误差，并记为$\varepsilon_1,\varepsilon_2,\cdots,\varepsilon_n$，这样，将实验数据（$x_i$, y_i）代入方程式(4-3-6)后，得到

$$\begin{cases} y_1-(a+bx_1)=\varepsilon_1 \\ y_2-(a+bx_2)=\varepsilon_2 \\ \qquad \cdots\cdots \\ y_n-(a+bx_n)=\varepsilon_n \end{cases} \tag{4-3-7}$$

显然，比较合理的 a 和 b 是使 $\varepsilon_1,\varepsilon_2,\cdots,\varepsilon_n$ 数值上都比较小. 但是，每次测量的误差不会相同，反映在 $\varepsilon_1,\varepsilon_2,\cdots,\varepsilon_n$ 上大小不一，而且符号也不尽相同. 所以只能要求总的偏差最小，即

$$\sum_{i=1}^{n}{\varepsilon_i}^2\to\min \tag{4-3-8}$$

令

$$S=\sum_{i=1}^{n}{\varepsilon_i}^2=\sum_{i=1}^{n}(y_i-a-bx_i)^2 \tag{4-3-9}$$

使 S 最小的条件是

$$\frac{\partial S}{\partial a}=0,\quad \frac{\partial S}{\partial b}=0,\quad \frac{\partial^2 S}{\partial a^2}>0,\quad \frac{\partial^2 S}{\partial b^2}>0 \tag{4-3-10}$$

解得

$$a=\frac{\sum_{i=1}^{n}x_i\sum_{i=1}^{n}(x_iy_i)-\sum_{i=1}^{n}{x_i}^2\sum_{i=1}^{n}y_i}{\left(\sum_{i=1}^{n}x_i\right)^2-n\sum_{i=1}^{n}{x_i}^2} \tag{4-3-11}$$

$$b=\frac{\sum_{i=1}^{n}x_i\sum_{i=1}^{n}y_i-n\sum_{i=1}^{n}(x_iy_i)}{\left(\sum_{i=1}^{n}x_i\right)^2-n\sum_{i=1}^{n}{x_i}^2} \tag{4-3-12}$$

令 $\overline{x}=\frac{1}{n}\sum_{i=1}^{n}x_i$，$\overline{y}=\frac{1}{n}\sum_{i=1}^{n}y_i$，$\overline{x}^2=\left(\frac{1}{n}\sum_{i=1}^{n}x_i\right)^2$，$\overline{y}^2=\left(\frac{1}{n}\sum_{i=1}^{n}y_i\right)^2$，则

$$a=\overline{y}-b\overline{x} \tag{4-3-13}$$

$$b=\frac{\overline{x}\cdot\overline{y}-\overline{xy}}{\overline{x}^2-\overline{x^2}} \tag{4-3-14}$$

如果实验是在已知 y 和 x 满足线性关系下进行的，那么用上述最小二乘法线性拟合(又称一元线性回归)可解得截距 a 和斜率 b，从而得出回归方程 $y=a+bx$. 如果实验是要通过对 x、y 的测量来寻找经验公式，则还应判断由上述一元线性拟合所确定的线性回归方程是否恰当. 这可用下述相关系数 r 来判别：

$$r = \frac{\overline{xy} - \overline{x} \cdot \overline{y}}{\sqrt{\left(\overline{x^2} - \overline{x}^2\right)\left(\overline{y^2} - \overline{y}^2\right)}} \tag{4-3-15}$$

可以证明，$|r|$值总是在 0 和 1 之间. $|r|$值越接近 1，说明实验数据点密集地分布在所拟合的直线周围，用线性函数进行回归是合适的. $|r|=1$ 表示变量 x 和 y 完全线性相关，拟合直线通过全部实验数据点. $|r|$值越小线性越差，一般$|r|\geqslant 0.9$ 时可认为两个物理量之间存在较密切的线性关系，此时用最小二乘法直线拟合才有实际意义.

2) 利用线性变换的一元线性回归

在实验中，还会经常遇到两个变量为非线性的关系，即某种曲线关系的问题，如图 4-3-1～图 4-3-6 所示，这些问题可通过变量代换，化曲线回归问题为直线回归问题，这样就可以用求解一元线性回归方程的方法对其求解.

(1) 双曲线

$$\frac{1}{y} = a + \frac{b}{x}$$

转换关系

$$y' = \frac{1}{y}, \quad x' = \frac{1}{x}$$

则有

$$y' = a + bx'$$

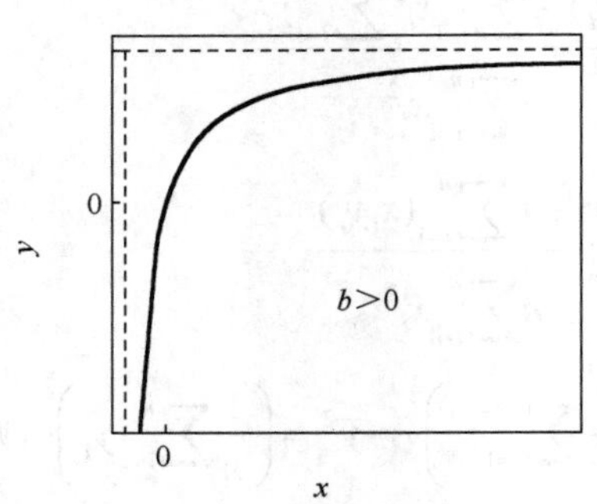

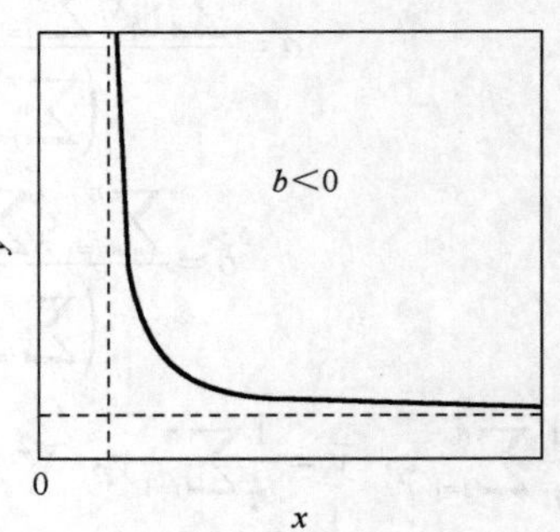

图 4-3-1　双曲函数

(2) 幂函数

$$y = ax^b$$

转换关系

$$y' = \log y, \quad x' = \log x, \quad a' = \log a$$

则有

$$y' = a' + bx'$$

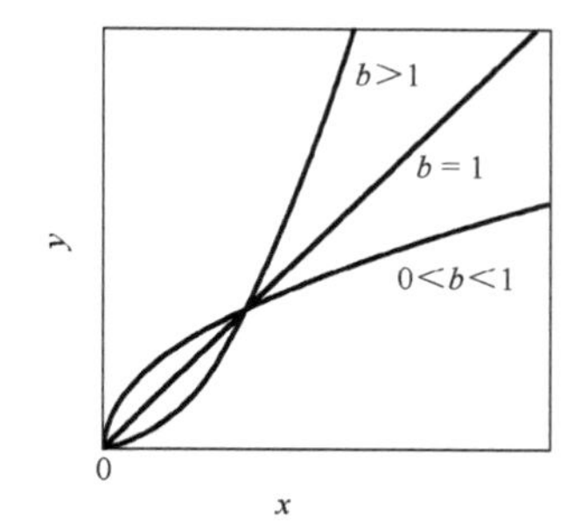

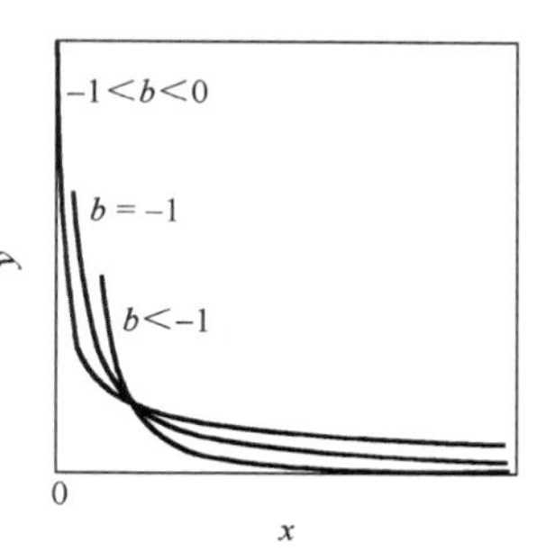

图 4-3-2　幂函数

(3) 指数函数

$$y = ax^{bx}$$

转换关系

$$y' = \log y,\quad a' = \log a$$

则有

$$y' = a' + bx$$

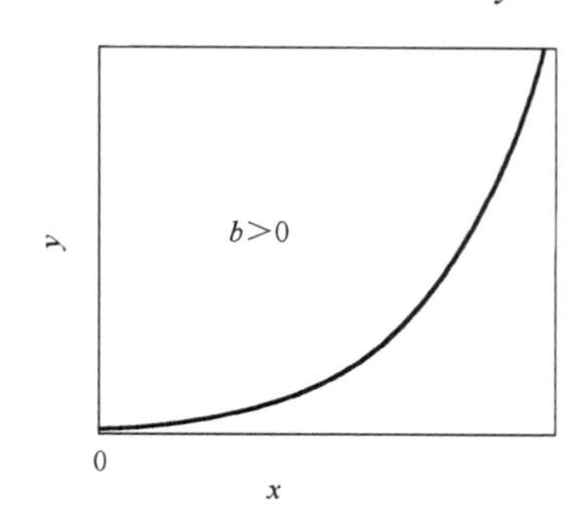

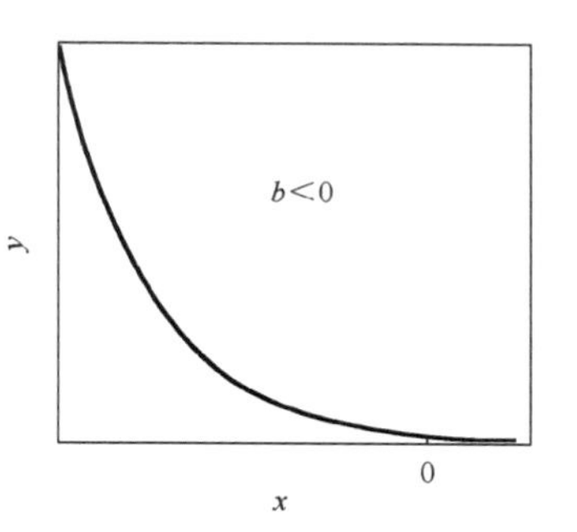

图 4-3-3　指数函数

(4) 负指数函数

$$y = a\mathrm{e}^{\frac{b}{x}}$$

转换关系

$$y' = \ln y,\quad x' = \frac{1}{x},\quad a' = \ln a$$

则有

$$y' = a' + bx'$$

(5) 对数函数

$$y = a + b\log x$$

转换关系

$$x' = \log x$$

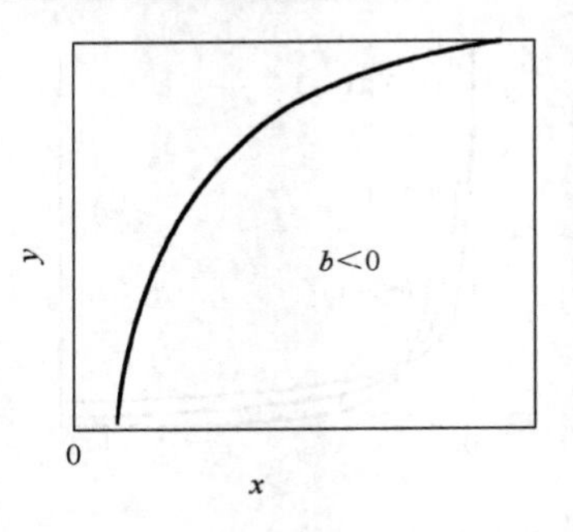

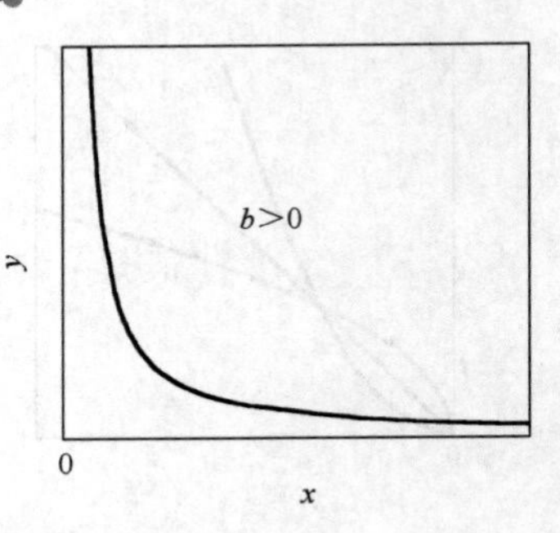

图 4-3-4　负指数函数

则有

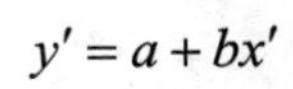

$$y' = a + bx'$$

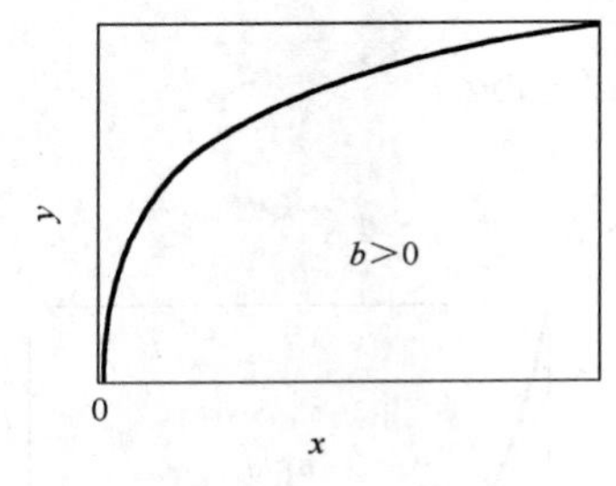

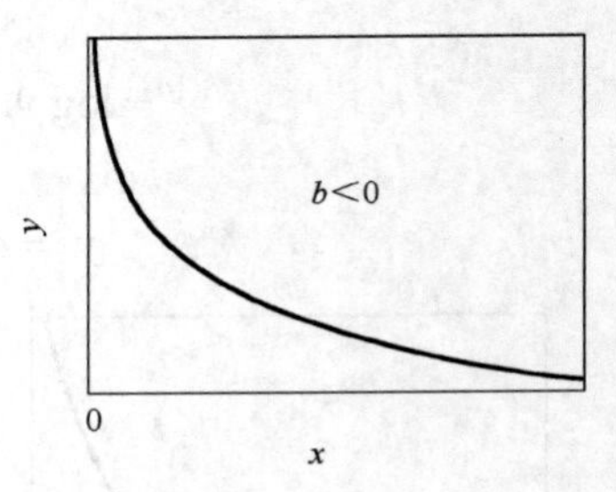

图 4-3-5　对数函数

(6) S 型曲线

$$y = \frac{1}{a + b\mathrm{e}^{-x}}$$

转换关系

$$y' = \frac{1}{y}, \quad x' = \mathrm{e}^{-x}$$

则有

$$y' = a + bx'$$

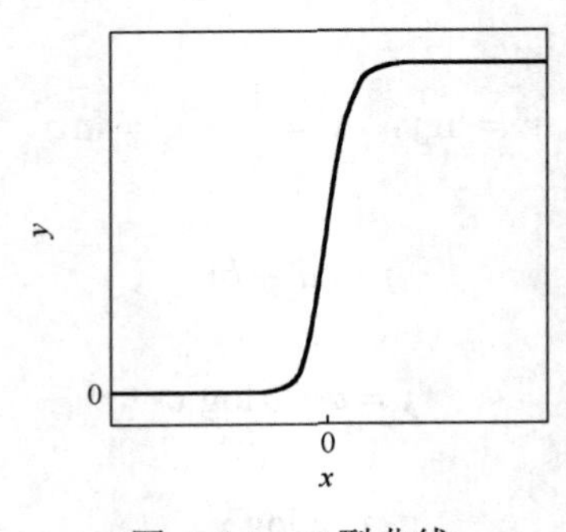

图 4-3-6　S 型曲线

反应堆热工水力实验

第一节　单相强迫流动压降实验

一、实验目的

(1) 掌握摩擦系数基本知识及参数影响规律；

(2) 掌握实验数据分析方法.

二、实验内容

(1) 结合工程流体力学、反应堆热工分析基础等理论知识，通过实验探究单相强迫流动压降特性；

(2) 自主设计强迫流动压降实验方案，熟悉实验室装置以及完整的实验流程.

三、实验原理

流动压降，即冷却剂流过通道的压力损失. 单相流体稳定流动时，系统内任意给定两个流通截面之间的压力变化即流动压降，由提升压降、摩擦压降、加速压降、局部压降四部分组成

$$\Delta p = p_{\mathrm{i}} - p_{\mathrm{o}} = \Delta p_{\mathrm{el}} + \Delta p_{\mathrm{f}} + \Delta p_{\mathrm{a}} + \Delta p_{\mathrm{c}} \tag{5-1-1}$$

式中，Δp 为总压降；Δp_{el} 为提升压降；Δp_{f} 为摩擦压降；Δp_{a} 为加速压降；Δp_{c} 为局部压降.

1. 提升压降

提升压降又称重力压降，是由流体的重力势能改变引起的静压力变化，只有在所给定的两个截面的位置之间有一定的高度差时才会显示出来. 对单相流体

$$\Delta p_{\mathrm{el}} = \int_{z_1}^{z_2} \rho g \sin\theta \mathrm{d}L \tag{5-1-2}$$

式中，z_1、z_2 分别为截面 1 和 2 位置的垂直标高；ρ 为流体的密度，以进、出口温度的平均值为定性温度来确定，其单位为 $\mathrm{kg/m^3}$.

通常压力变化时，液体冷却剂的密度变化较小，如果温度的变化也不十分大，则上式的 ρ 可用冷却剂沿通道全长的算数平均值来近似表示，则上式可写为

$$\Delta p_{\mathrm{el}} = \rho g\left(z_2 - z_1\right) \tag{5-1-3}$$

2. 摩擦压降

摩擦压降是指沿通道流动的流体与壁面摩擦引起的压力损失. 计算单相流体的摩擦压降，普遍采用达西(Darcy)公式

$$\Delta p_{\mathrm{f}} = f\frac{L}{D}\frac{\rho V^2}{2} \tag{5-1-4}$$

式中，L 为实验段长度，单位为 m；D 为水力直径，单位为 m；V 为流体的速度，取管流的平均速度，单位为 m/s；ρ 为流体密度，单位为 $\mathrm{kg/m^3}$；f 为摩擦系数，它与流体的流动性质(层流或湍流)、流动状态、受热情况(等温或非等温)、通道的几何形状、表面粗糙度等因素有关，摩擦系数常由经验公式确定，而经验公式的选取与雷诺数有关，当流体的相关参数确定后，其雷诺数可由下式计算：

$$Re = \frac{\rho VD}{\mu} = \frac{VD}{\nu} \tag{5-1-5}$$

其中，μ 称为流体的动力黏度；ν 为运动黏度.

摩擦系数的经验公式如下.

(1) 圆管定型层流.

当雷诺数 $Re < 2300$ 时，流态属于层流，此时摩擦系数可用下式计算：

$$f = \frac{64}{Re} \tag{5-1-6}$$

(2) 光滑圆管定型湍流.

当 $2300 < Re < 10^5$ 时，摩擦系数可由勃拉修斯关系式给出

$$f = \frac{0.3164}{Re^{0.25}} \tag{5-1-7}$$

当 $5\times10^4 < Re < 3\times10^6$ 时，又可由卡门-普朗特关系式计算

$$\frac{1}{\sqrt{f}} = 2\lg\left(Re\sqrt{f}\right) - 0.8 \tag{5-1-8}$$

(3) 粗糙圆管定型湍流.

$$f = 0.11\left(\frac{\varepsilon}{D} + \frac{68}{Re}\right)^{0.25} \tag{5-1-9}$$

其中，ε 为管道的绝对粗糙度，对于工业用钢管，取值在 0.046～0.090mm. 将 $f = f(Re, \varepsilon)$ 的关系式绘制成曲线，即穆迪图(Moody diagram)，如图 5-1-1 所示.

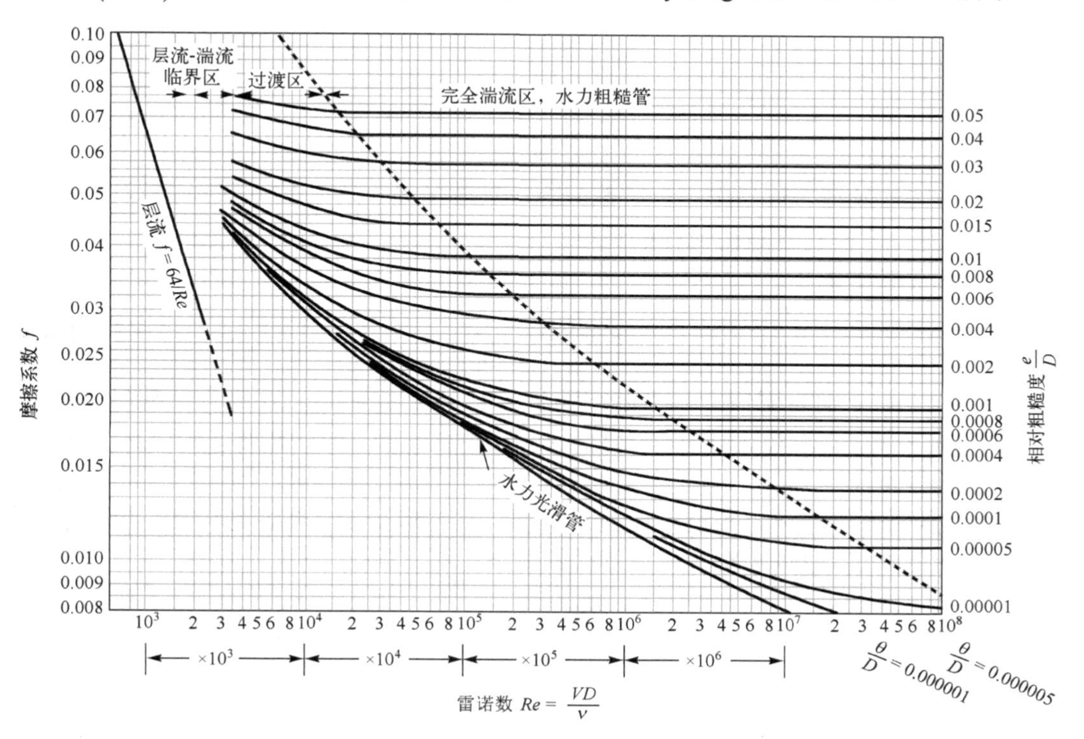

图 5-1-1　穆迪图

3. 加速压降

加速压降由流体密度变化而产生，其表达式为

$$\Delta p_{\mathrm{a}} = \int_{V_1}^{V_2} \rho V \mathrm{d}V \tag{5-1-10}$$

对于等截面流道来说，$\rho V = G$ 为一常数，上式可写为

$$\Delta p_{\mathrm{a}} = G(V_2 - V_1) \tag{5-1-11}$$

对于单相液体，在不沸腾时密度变化很小，故液体冷却剂沿等截面直通道流动时，可忽略加速压降.

4. 局部压降

流体流经局部地区的运动非常复杂，所产生的压降一般只能通过实验确定. 只有简单的情况，如截面突然扩大，才能进行理论分析，而截面突然缩小、圆管弯头等情况只能用实验方法测定. 局部压降的计算公式形式为

$$\Delta p_{\mathrm{c}} = K\frac{\rho V^2}{2} \tag{5-1-12}$$

式中，K 为局部损失系数，对不同的局部情况，采用不同的 K 值计算公式，具体如下.

(1) 截面突然扩大.

$$K = \left(\frac{A_2}{A_1} - 1\right)^2 \tag{5-1-13}$$

式中，A_1、A_2 分别为扩口上、下游截面积，且满足 $A_1 < A_2$，代入式(5-1-12)时，V 为扩口下游，即较粗管道内流体的速度.

(2) 截面突然缩小.

$$K = \beta\left(1 - \frac{A_2}{A_1}\right) \tag{5-1-14}$$

式中，A_1、A_2 分别为缩口上、下游截面积，且满足 $A_1 > A_2$；β 是个无量纲经验系数，一般取 0.4～0.5，代入式(5-1-12)时，V 为缩口上游，即较粗管道内流体的速度.

(3) 圆管弯头.

此时局部损失系数 K 由弯管曲率半径 R、弯管转角 θ、弯管内径 D，以及沿程损失系数(即摩擦系数) f 有关，计算公式如下：

$$K_{\theta} = K_{90^\circ}\alpha \tag{5-1-15}$$

$$K_{90^\circ} = \left[0.20 + 0.001\times(100f)^3\right]\sqrt{\frac{D}{R}} \tag{5-1-16}$$

$$\theta < 90^\circ\text{时，}\alpha = \sin\theta \tag{5-1-17}$$

$$\theta > 90^\circ\text{时，}\alpha = 0.7 + 0.35\times\frac{\theta}{90^\circ} \tag{5-1-18}$$

本实验中，重力压降可由以上公式计算得到，加速压降或局部压降可忽略，测到总压降减去其他分压压降即可得到摩擦压降，从而计算得出摩擦系数.

四、实验段及测量

1. 反应堆热工实验回路系统、LabVIEW 测控系统
2. 实验段(图 5-1-2)

方向：竖直；

管型：圆管；

材料：不锈钢；

工质：水；
内径：6mm 或 10mm；
长度 L：1000mm 或 500mm.

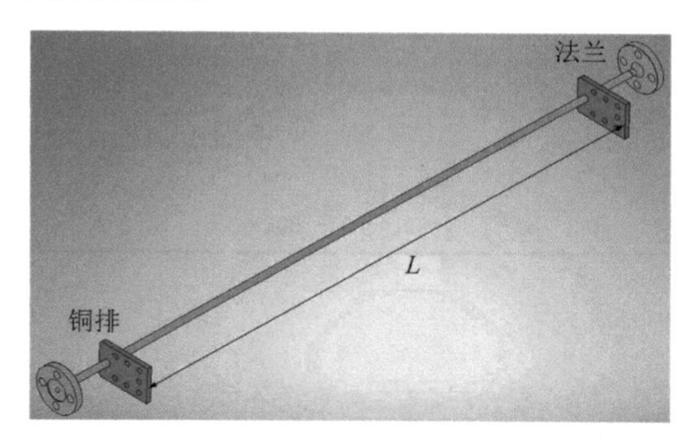

图 5-1-2　实验段示意图

3. 齿轮流量计

实验中，由于工质为水，所以原本测量质量流量的流量计实际上测量的是进入实验段的工质体积流量. 其部分参数如表 5-1-1 所示.

表 5-1-1　齿轮流量计参数表

量程	精度
0～1t/h(0～1m^3/h)(F4 为 50～600kg/h)	5%

4. 压力/压差变送器

为测定系统压力和实验段的压降，实验中需测量实验段进、出口的压力和进、出口之间的压差. 测量仪器部分参数如表 5-1-2～表 5-1-4 所示.

表 5-1-2　压力变送器的主要参数

量程	精度
0～3.5MPa	0.065% 0.25% 0.5%

表 5-1-3　压差变送器的主要参数

量程	精度
0～100kPa	0.065% 0.25% 0.5%

表 5-1-4　测量仪表的部分参数

仪表名称	量程	精度
T 型热电偶	−250～300℃	Ⅰ级
齿轮流量计 F3	500～4000kg/h	0.5%
齿轮流量计 F4	50～600kg/h	0.5%
齿轮流量计 F5	500～4000kg/h	0.5%
压力变送器	0～3.5MPa	0.5%
压差变送器	0～100kPa	0.5%

五、工况安排

在此实验条件下，认为水在管道内的流动为单相稳定流动，即忽略加速压降.

在流量计的量程范围内，选取 q_m 从某一稍大于量程最低限值开始，每增加一定流量梯度选取一个流量值，计算该流量下的流速、雷诺数，以及忽略局部压降之后的理论总压降. 工况预算表见表 5-1-5.

表 5-1-5　工况预算表

序号	流量/(m^3/h)	流速/(m/s)	雷诺数 *Re*	摩擦系数	理论压降/kPa

由于压差变送器量程为 0～100kPa，所以调节流量时应使压降范围在 10～90kPa 中间位置.

六、实验步骤

1. *启动前准备*

(1) 做好人员分工，明晰工作内容；

(2) 进行安全检查，确保实验环境安全；

(3) 选定实验支路，辨别阀门位置.

2. *启动装置回路*

开启实验支路有关阀门，完成管道充水排气过程.

3. 进行压降实验

(1) 根据实验要求将流量调节至工况预定值，通过实验管段的流量信号观察流量是否调节到所需值；

(2) 检查实验段压力和温度仪表是否正常显示数据，稳定一段时间后，记录实验段出口压力、实验段压差，重复步骤(1)，获得不同工况下的实验数据，至所有工况完成.

4. 停闭实验回路

实验结束后，关闭实验回路并清理实验现场.

七、实验数据处理

1. 实验数据记录

在 LabVIEW 测控软件导出的数据表格中，将所记录的实验段质量流量和压降数据进行筛选、整理，记录表 5-1-6 多组有效的质量流量数据及其对应的压降数据.

表 5-1-6　体积流量、实测压降原始数据记录表

编号	t	p	体积流量 q_V / $(\mathrm{m^3/h})$	实验测得总压降 Δp / kPa
1				
2				
3				
4				
5				

2. 结果处理

1) 数据计算

(1) 计算流速和雷诺数；

(2) 计算提升压降；

(3) 计算局部压降；

(4) 计算摩擦压降.

可以算出实验得到的摩擦压降

$$\Delta p_{\mathrm{f}} = \Delta p - \Delta p_{\mathrm{c}} - \Delta p_{\mathrm{el}} \tag{5-1-19}$$

由达西公式(5-1-4)即可反推出对应的摩擦系数 f. 将以上数据均记录在表 5-1-7 和表 5-1-8 中.

表 5-1-7　计算结果汇总表

编号	体积流量 $q_V/(\mathrm{m^3/h})$	流速 $V/(\mathrm{m/s})$	雷诺数 Re	摩擦系数 f
1				
2				
3				
4				
5				

表 5-1-8　压降结果汇总表

编号	Δp / kPa	Δp_{c} / kPa	Δp_{el} / kPa	Δp_{f} / kPa
1				
2				
3				
4				
5				

2) 曲线拟合

根据量纲分析和相似原理，并参考经验公式的形式，推导出雷诺数 Re 与对应的摩擦系数 f 满足关系式

$$f = kRe^{-b} \tag{5-1-20}$$

将实验所得数据导入数据处理软件中，根据上式(乘幂关系)进行拟合，得到其拟合关系式，计算其相关系数，并将拟合得到的曲线与由式(5-1-6)～式(5-1-9)得到的理论曲线作在同一张图上进行对比，分析其特点.

3. 误差分析

1) 测量结果的不确定度

本实验最终要求出摩擦系数 f 的测量结果的误差. 由前式可得

$$f = \frac{\Delta p_{\mathrm{f}}}{\dfrac{L}{D}\dfrac{\rho V^2}{2}} = \frac{\rho \pi^2 D^5}{8L}\frac{\Delta p - \Delta p_{\mathrm{el}}}{q_m} \tag{5-1-21}$$

可以看出，摩擦系数 f 的误差来源于质量流量 q_m 和总压降 Δp 的误差.

2) q_m 和 Δp 的多次直接测量误差

质量流量 q_m 和总压降 Δp 的测量属于多次直接测量，其误差来源于 A 类不确定度 u_{A} 和 B 类不确定度 u_{B}.

A. A 类不确定度

多次测量某物理量时，存在 A 类不确定度. 如果测量次数充分多，其结果服从一定统计规律(一般为正态分布)，故可以使用统计方法计算该类不确定度.

本实验中，质量流量和总压降是由实验测得的多组数据求平均得到的存在该类误差，可由下式计算：

$$u_{\mathrm{A}} = S(\overline{x}) = \sqrt{\frac{\sum_{i=1}^{n}(x_i - \overline{x})^2}{n(n-1)}} \tag{5-1-22}$$

将式中 x 换成 q_m 或 Δp 即可，由此得到每组实验中质量流量 q_m 和总压降 Δp 的直接多次测量误差.

B．B 类不确定度

实验仪器允许的极限误差是 B 类不确定度的主要来源，绝对误差的最大值即该仪器所测量数据的 B 类不确定度

$$u_{\mathrm{B}} = \Delta_{\mathrm{ins.}} \tag{5-1-23}$$

C．合成不确定度

由 q_m、 Δp 的 A 类和 B 类不确定度合成总不确定度 u_{c}，可由下式计算得出：

$$u_{\mathrm{c}} = \sqrt{{u_{\mathrm{A}}}^2 + {u_{\mathrm{B}}}^2} \tag{5-1-24}$$

3）f 的间接测量误差

摩擦系数 f 的数据的得出属于间接测量，存在间接测量误差 $u_{\mathrm{c}}(f)$，可以根据下述误差传递公式计算出：

$$u_{\mathrm{c}}(f) = \sqrt{\left[\frac{\partial f}{\partial q_m}u_{\mathrm{c}}(q_m)\right]^2 + \left[\frac{\partial f}{\partial \Delta p}u_{\mathrm{c}}(\Delta p)\right]^2} \tag{5-1-25}$$

其中由 f 的表达式(5-1-25)可以得到

$$\frac{\partial f}{\partial q_m} = -\frac{1.915\times10^{-8}(\Delta p - 977.4)}{{q_m}^3} \tag{5-1-26}$$

$$\frac{\partial f}{\partial \Delta p} = \frac{9.57599\times10^{-9}}{{q_m}^2} \tag{5-1-27}$$

$u_{\mathrm{c}}(q_m)$、$u_{\mathrm{c}}(\Delta p)$ 已给出，再由下述公式可以计算出相对不确定度 E_f 和百分偏差 B_f：

$$E_f = \frac{u_{\mathrm{c}}(f)}{\overline{f}}\times100\% \tag{5-1-28}$$

$$B_f = \frac{\left|\overline{f} - f_{\mathrm{T.V}}\right|}{f_{\mathrm{T.V}}}\times100\% \tag{5-1-29}$$

单次实验测量结果可以表示为

$$f = \overline{f} \pm u_{\mathrm{c}}(f) \tag{5-1-30}$$

八、思考题

单相强迫流动压降摩擦系数和哪些参数有关？简述其原因.

参考文献

莫乃榕. 2009. 工程流体力学[M]. 2 版. 武汉：华中科技大学出版社.
王植恒，何原，朱俊. 2008. 大学物理实验[M]. 北京：高等教育出版社.

第二节　单相强迫对流换热实验

一、实验目的

(1) 认知单相强迫流动换热特性；
(2) 掌握局部表面换热系数基本知识及参数影响规律.

二、实验内容

(1) 设计单相强迫对流换热实验方案，熟悉实验回路操作流程并学习热电偶使用方法；
(2) 探究局部表面换热系数参数影响规律及决定通道壁面换热系数的关键因素.

三、实验原理

1. 单相强迫对流换热及换热系数

单相强迫对流换热模型：单相流动是指流动系统中仅一种物相(液相、气相或固相)的流动；强迫流动是指由泵或风机驱动流体的流动；热对流是指由于流体宏观运动而引起的流体各部分之间发生相对位移，冷却流体互相掺混所导致的热量交换过程.

对流换热的基本计算式是牛顿冷却公式(Newton's law of cooling)

$$q = h\Delta T \tag{5-2-1}$$

其中，ΔT 为壁面温度和流体温度的差值(亦称温压)，并约定永远取正值；比例系数 h 即称之为表面换热系数(convective heat transfer coefficient)，单位是 $\mathrm{W/(m^2 \cdot K)}$，反映了对流换热速率的快慢，在数值上等于单位温度差下单位换热面积的对流换热速率.

表面换热系数的大小与对流换热过程中的许多因素有关. 它不仅取决于流体的物性和换热表面的形状、大小与布置，而且还与流速有着密切的关系，故一般依靠实验方法确定. 通过相似原理和量纲分析也能得到一些很好的结论.

2. 表面换热系数的理论计算

对于管道内强制对流换热，理论上表面换热系数可用经验关系式(5-2-2)计算

$$Nu = CRe^m Pr^n \tag{5-2-2}$$

式中，Nu 为努塞特数

$$Nu = \frac{hD_e}{k} \tag{5-2-3}$$

Re 为雷诺数

$$Re = \frac{\rho u D_e}{\mu} \tag{5-2-4}$$

Pr 为普朗特数

$$Pr = \frac{c_p \mu}{k} \tag{5-2-5}$$

其中，k 为静止流体的导热系数，单位为 $W/(m \cdot K)$；ρ 为流体密度，单位为 kg/m^3；μ 为流体动力黏度，单位为 $kg/(m \cdot s)$；c_p 为流体定压比热容，单位为 $J/(kg \cdot K)$；u 为流体流速，单位为 m/s；D_e 为当量直径，单位为 m.

历史上应用时间最长也最普遍的关联式是 Dittus-Boelter 公式(以下简称 D-B 公式)

$$Nu = 0.023Re^{0.8} Pr^n \tag{5-2-6}$$

液体被加热时，$n = 0.4$；液体被冷却时，$n = 0.3$. 此式适用于流体与壁面温度具有中等温差的场合. 式中采用流体平均温度 T_f (即管道进、出口两个截面平均温度的算术平均值)为定性温度，取管内径 D_e 为特征长度. 实验验证范围：$L/D_e \geqslant 60$；对于水，膜温差 $\Delta T_w = (T_w - T_f) < 30℃$；$10^4 \leqslant Re \leqslant 1.2 \times 10^5$；$0.7 \leqslant Pr \leqslant 120$.

流体在长直圆形通道内做强迫对流湍流流动，各参数经工况预算可以控制在上述适用范围内，可用式(5-2-6)对换热系数 h 进行求解

$$h = 0.023 \frac{k}{D_e} \left(\frac{\rho u D_e}{\mu} \right)^{0.8} \left(\frac{c_p \mu}{k} \right)^n \tag{5-2-7}$$

对于高膜温差 $\Delta T_w = (T_w - T_f) > 30℃$ 的情况，流体黏度沿通道横截面发生较大变化(对受热水而言，近壁处黏度变小)，对单相对流动换热现象具有重要影响，必须加以考虑. 此时引入温差修正系数 c_t，换热系数 h 用修正的 D-B 公式表示

$$Nu = 0.023Re^{0.8} Pr^n c_t \tag{5-2-8}$$

对液体，$c_{\mathrm{t}}=\left(\dfrac{\mu_{\mathrm{f}}}{\mu_{\mathrm{w}}}\right)^{a}$，液体被加热时，$a=0.11$；液体被冷却时，$a=0.25$.

对式(5-2-7)中的物性参数k、ρ、μ、c_p，选定定性温度T_{m}后查表即可得；由此即可根据流体流速直接算得表面换热系数$h_{\mathrm{T.V}}$.

3. 表面换热系数的实验求解

单相对流换热可以用牛顿冷却定律来描述，故可通过牛顿冷却定律对表面换热系数进行求解. 冷却剂自下而上流过燃料包壳外表面时，包壳与冷却剂之间的换热主要是单相对流换热，由固体表面温度T_{w}（单位：K）、流通截面上的流体(冷却剂)主流温度T_{f}（单位为K），牛顿冷却公式可表示为

$$q=h\left(T_{\mathrm{w}}-T_{\mathrm{f}}\right) \tag{5-2-9}$$

$$\Phi=hA\left(T_{\mathrm{w}}-T_{\mathrm{f}}\right) \tag{5-2-10}$$

其中，q为表面热流密度，单位为$\mathrm{W/m^2}$；A为流体与壁面相互接触的表面面积，单位为$\mathrm{m^2}$；Φ为热流量，单位为W.

由此，运用上述公式推导出对流换热表面换热系数

$$h=\frac{\Phi}{A\left(T_{\mathrm{w}}-T_{\mathrm{f}}\right)} \tag{5-2-11}$$

故实验只需测得T_{w}、T_{f}，根据不同工况下的q_m即可求出换热系数.

4. 临界热流密度的计算

流体在被高温壁面加热时，如果发生相变会突然影响换热效率. 当加热表面产生的气泡足够多，使其连成一片覆盖部分加热面时，由于气膜的换热系数低，局部加热面的温度会很快升高，而使加热面烧毁. 为避免设备过热烧毁，实验和实际中都应避免发生相变.

临界热流密度(critical heat flux，CHF) q_{c}描述了在加热期间发生相变现象的热极限，其计算常采用Biasi公式：

含汽率高时

$$q_{\mathrm{c1}}=\frac{1.883\times10^{7}}{(100D)^{n}(0.1G)^{\frac{1}{6}}}\left[\frac{F(p)}{(0.1G)^{\frac{1}{6}}}-x_E\right] \tag{5-2-12}$$

含汽率低时

$$q_{\mathrm{c2}}=\frac{3.78\times10^{7}H(p)}{(100D)^{n}(0.1G)^{0.6}}\left(1-x_E\right) \tag{5-2-13}$$

对于x_E

$$x_E=\frac{h-h_{\mathrm{f}}}{h_{\mathrm{fg}}} \tag{5-2-14}$$

式中，q_c 为临界热流密度，单位为 W/m^2；D 为圆形通道直径，单位为 m；G 为流体的质量流密度，单位为 $kg/(m^2\cdot s)$；x_E 为计算点的热平衡含汽率；h 为出口水比焓，h_f 为出口水在工况压力下的饱和比焓，h_{fg} 为汽化潜热，单位都为 kJ/kg.

指数 n 的取值：

当 $D \geqslant 0.01m$ 时，$n = 0.4$；当 $D < 0.01m$ 时，$n = 0.6$.

$F(p)$ 和 $H(p)$ 是压力 p 的函数，其表达式为

$$F(p) = 0.7249 + 0.99\times10^{-6} p\cdot\exp(-0.32\times10^{-6} p) \quad (5\text{-}2\text{-}15)$$

$$H(p) = -1.159 + 1.49\times10^{-6} p\cdot\exp(-0.19\times10^{-6} p) + \frac{89.9\times10^{-6} p}{10+10^{-6} p^2} \quad (5\text{-}2\text{-}16)$$

实验数据范围及参量单位如下：

$p = (0.27\sim14)\times10^6\,Pa$；

$G = 100\sim6000kg/(m^2\cdot s)$；

$D = 0.003\sim0.0375m$；

加热长度 L=0.2～6m.

当 $G \geqslant 300kg/(m^2\cdot s)$ 时，一般取 q_{c1} 和 q_{c2} 中的最大者为所求的 q_c；

当 $G < 300kg/(m^2\cdot s)$ 时，总使用 q_{c2} 作为 q_c.

计算临界热流密度的公式还有很多，比如 Janssen-Levy、CISE-4、Bowring、Barnett、WRB-1、W-2、W-3、R&W 等，还可以像 TRACE 程序那样采用查表的方法来计算，此处不再一一介绍，有兴趣的读者可以查阅有关文献.

实际情形中需要通过严格监视并控制表面热流密度，使其始终小于临界热流密度，以确保设备处在安全工作范围之内.

四、实验段及测量

1. 反应堆热工实验回路系统、LabVIEW 测控系统
2. 实验段(图 5-1-2)

形状：圆管；

方向：竖直；

材料：不锈钢；

内径 D：10mm；

长度 L：1000mm；

加热方式：铜板均匀加热；

工质：水.

3. T 型热电偶

实验中，T 型热电偶的固定方式为用软铁丝将热电偶测温探头固定在实验段外壁测量点处. 其部分参数如表 5-2-1 所示.

表 5-2-1　T 型热电偶参数

属性	参数
设计尺寸	Φ3mm，前端 500mm，后端 200mm
精度	Ⅱ级
测量温区	–250～300℃

五、工况安排

实验研究前需根据实验装置条件以及单相强迫流动特点，完成工况设计和实验前预计算(见表 5-2-2)，确保所选取的加热功率和流量处在合理的范围内.

表 5-2-2　实验工况预算

加热功率/W	流量/(t/h)	管内平均温度	*Re*	*Pr*	*Nu* 理论值	CHF/(W/m^2)	*h* 理论值

六、实验步骤

实验步骤如图 5-2-2 所示.

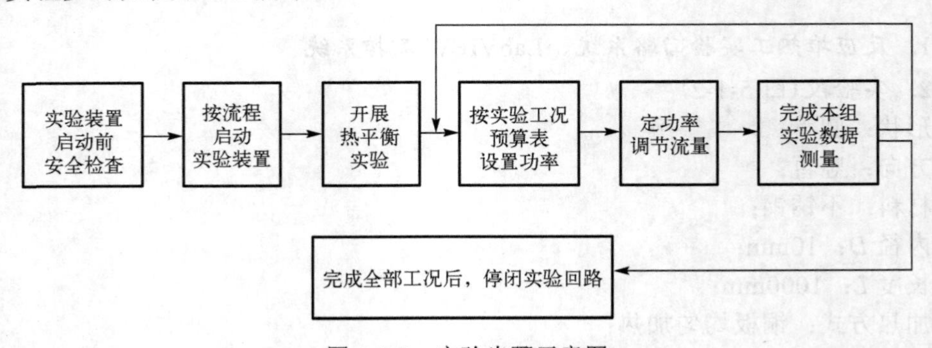

图 5-2-2　实验步骤示意图

1. 启动实验装置

(1) 正式实验前，保证补水箱液位达到最大值，水箱内已充满去离子水供实验使用；

(2) 完成管道内充水排气；

(3) 启动回路，准备开始实验.

2. 开展热平衡实验

设置功率及流量为表 5-2-2 工况预算中的数据，读出仪表所显示的示数，计算热平衡系数.

改变流量和功率，重复进行实验，计算得到热平衡系数. 同时加固保温棉减少散热，保证热平衡系数达到较高水平，记录数据准备开展换热实验.

3. 开展换热实验

(1) 获得较高热平衡数据后，调节流量与之相同；

(2) 逐步减小功率，记录实验段出口压力、实验段压差、实验段进、出口冷却剂温度；

(3) 调节功率与较高热平衡数据对应的功率相同；

(4) 逐步增大功率，记录实验段出口压力，实验段压差，实验段进、出口冷却剂温度.

4. 停闭实验回路

实验结束后，关闭实验回路并清理实验现场.

七、实验数据处理

1. 计算热平衡系数(表 5-2-3)

表 5-2-3 不同加热功率、不同流量下热平衡系数计算

q_m/(t/h)	$T_{f.in}$/℃	$T_{f.out}$/℃	Φ/W	UI/W	η

2. 计算实验段管道内壁温度(表 5-2-4)

表 5-2-4　不同功率、不同质量流量下的内壁温度

q_m/(t/h)	q/(W/m^2)	UI/W	T_{ci}/℃	T_{co}/℃

3. 计算传热系数(表 5-2-5)

表 5-2-5　不同功率、不同质量流量下的传热系数

q_m/(t/h)	UI/W	T_f/℃	T_w/℃	h/(W/(m^2·K))	
				实验值	D-B 公式值

4. 曲线拟合

根据实验数据计算不同工况下的换热系数，绘制同一流量不同功率和同一功率不同流量下的换热系数拟合曲线，分析质量流密度、加热功率等参数对换热系数的影响，并对影响规律加以讨论.

5. 误差分析

(1) 计算由统计误差和仪器误差引起的测量结果的不确定度；

(2) 定性说明模型处理过程中所作假设可能引起的误差；

(3) 说明其他可能产生误差的因素.

八、思考题

单相对流换热系数影响参数有哪些？

参考文献

杨世铭，陶文铨. 2006. 传热学[M]. 4 版. 北京：高等教育出版社.

第三节 两相强迫流动压降实验

一、实验目的

(1) 认识管内沸腾两相流动压降;

(2) 探究不同热工参数对流动压降的影响.

二、实验内容

(1) 探究系统压力对摩擦压降的影响;

(2) 探究热流密度对摩擦压降的影响;

(3) 探究质量流密度对摩擦压降的影响.

三、实验原理

两相压降计算假设: 两相处于热力学平衡且滑速比为 1. 压降由摩擦压降、加速压降和重力压降组成

$$-\Delta p = -\Delta p_{\mathrm{f}} - \Delta p_{\mathrm{a}} - \Delta p_{\mathrm{g}} \tag{5-3-1}$$

摩擦压降梯度: 由 Fanning 方程计算, 对圆形通道

$$-\left(\frac{\mathrm{d}p}{\mathrm{d}z}\right)_{\mathrm{f}} = \frac{2f'_{\mathrm{tp}}G^2\overline{v}}{D} \tag{5-3-2}$$

加速压降梯度

$$-\left(\frac{\mathrm{d}p}{\mathrm{d}z}\right)_{\mathrm{a}} = G^2\frac{\mathrm{d}\overline{v}}{\mathrm{d}z} \tag{5-3-3}$$

重力压降梯度

$$-\left(\frac{\mathrm{d}p}{\mathrm{d}z}\right)_{\mathrm{g}} = \frac{g\sin\theta}{\overline{v}} \tag{5-3-4}$$

其中, $\overline{v}$ 为均匀流的比体积

$$v = x_e v_{\mathrm{gs}} + \left(1 - x_e\right)v_{\mathrm{fs}} \tag{5-3-5}$$

整理得总压降梯度表达式

$$-\frac{\mathrm{d}p}{\mathrm{d}z}=\frac{2f'_{\mathrm{tp}}G^2v_{\mathrm{fs}}}{D}\left[1+x_e\left(\frac{v_{\mathrm{fg}}}{v_{\mathrm{fs}}}\right)\right]+\left[G^2v_{\mathrm{fg}}\frac{\mathrm{d}x_e}{\mathrm{d}z}\right]\div\left[1+G^2x_e\left(\frac{\mathrm{d}v_{\mathrm{gs}}}{\mathrm{d}p}\right)\right]+\frac{g\sin\theta}{v_{\mathrm{fs}}\left[1+x_e\left(\frac{v_{\mathrm{fg}}}{v_{\mathrm{fs}}}\right)\right]} \tag{5-3-6}$$

假设忽略汽相的可压缩性，$\frac{v_{\mathrm{fg}}}{v_{\mathrm{fs}}}$ 和 f'_{tp} 在所计算的通道内保持常数，$x_{e,\mathrm{in}}=0$ 且在计算的长度内 $\frac{\mathrm{d}x_e}{\mathrm{d}z}=$ 常数，将上式沿轴向积分得到

$$\Delta p=\frac{2f'_{\mathrm{tp}}L_BG^2v_{\mathrm{fs}}}{D}\left[1+\frac{x_{e,\mathrm{ex}}}{2}\left(\frac{v_{\mathrm{fg}}}{v_{\mathrm{fs}}}\right)\right]+G^2v_{\mathrm{fs}}\left(\frac{v_{\mathrm{fg}}}{v_{\mathrm{fs}}}\right)x_{e,\mathrm{ex}}+\frac{g\sin\theta L_B}{v_{\mathrm{fg}}x_{e,\mathrm{ex}}}\ln\left[1+x_e\left(\frac{v_{\mathrm{fg}}}{v_{\mathrm{fs}}}\right)\right] \tag{5-3-7}$$

两相摩擦系数的布拉修斯关系式

$$f'_{\mathrm{tp}}=0.079\left(\frac{GD}{\bar{\mu}}\right)^{-0.25} \tag{5-3-8}$$

$$\frac{1}{\bar{\mu}}=\frac{x}{\mu_{\mathrm{g}}}+\frac{1-x}{\mu_{\mathrm{f}}} \tag{5-3-9}$$

四、实验段及测量

1. 反应堆热工实验回路系统、LabVIEW 测控系统

2. 实验段(图 5-1-2)

方向：竖直；

管型：圆管；

材料：不锈钢；

工质：水；

内径：6mm 或 10mm；

长度 L：1000mm 或 500mm.

3. 齿轮流量计

实验中，由于工质为水，所以原本测量质量流量的流量计实际上测量的是进入实验段的工质体积流量. 其部分参数如表 5-3-1 所示.

表 5-3-1　流量计主要参数

量程	精度
0～1t/h(0～1m^3/h)(F4 为 50～600kg/h)	5%

4. 压力/压差变送器

为测定系统压力和实验段的压降，实验中需测量实验段进、出口的压力和进、出口之间的压差，其部分参数如表 5-3-2 和表 5-3-3 所示. 测量仪器部分参数如表 5-3-4 所示.

表 5-3-2　压力变送器主要参数

量程	精度
0～3.5MPa	0.065%
	0.25%
	0.5%

表 5-3-3　压差变送器主要参数

量程	精度
0～100kPa	0.065%
	0.25%
	0.5%

表 5-3-4　测量仪表的部分参数

仪表名称	量程	精度
T 型热电偶	−250～300℃	II 级
齿轮流量计 F3	500～4000kg/h	0.5%
齿轮流量计 F4	50～600kg/h	0.5%
齿轮流量计 F5	500～4000kg/h	0.5%
压力变送器	0～3.5MPa	0.5%
压差变送器	0～100kPa	0.5%

五、工况安排

实验前需要对实验工况进行安排，如表 5-3-5 所示.

表 5-3-5　工况预算表

研究因素		1	2	3	4	……
质量流量	预设值/(kg/h)					
	理论压降					
系统压力	预设值/MPa					
	理论压降					
加热功率	预设值/kW					
	理论压降					

六、实验步骤

(1) 研究质量流密度对摩擦压降的影响：

自行选定系统压力和加热功率，并保持不变，通过调节阀门改变质量流密度的大小，选择 10 组不同大小的体积流量进行实验，其中在实验段外壁不同高度处选取至少 5 个点测量，记录各工况数据于表 5-3-6 中.

(2) 研究系统压力对摩擦压降的影响：

自行选定体积流量和加热功率，并保持不变，通过调节加在稳压器里的氮气的量调节系统压力，选择 10 组不同大小的系统压力进行实验，其中在实验段外壁不同高度处选取至少 5 个点测量，记录各工况数据于表 5-3-6 中.

(3) 研究热流密度对摩擦压降的影响：

自行选定体积流量和系统压力，并保持不变，通过调节直流电源电压和电流来改变加热功率，选择 10 组不同大小的加热功率进行实验，其中在实验段外壁不同高度处选取至少 5 个点测量实验段管外壁温度，记录各工况数据于表 5-3-6 中.

七、实验数据处理

记录不同工况下的实验数据，如表 5-3-6 所示.

表 5-3-6　实验数据记录表

序号	自变量	实验段外壁温度			实验段压力		实验段压差	实验段温度	
		序号	高度	温度	入口	出口		入口	出口
		(1)							
1		(2)							
		……							
		(1)							
2		(2)							
		……							
……									

(1) 本实验液体以过冷状态流入实验段，在实验段中经历单相发展阶段被加热为饱和水，又经历饱和沸腾阶段后流出实验段，干度为 0 的点为沸腾起始点，所以压降的计算分为单相和两相两部分. 其中，单相压降 Δp_s 按本章第一节的方法计算；两相压降采用均匀流模型，分别计算出加速压降 $\Delta p_{tp,a}$ 和重力压降 $\Delta p_{tp,el}$. 再根据式 (5-3-10) 计算出摩擦压降

$$\Delta p_{\mathrm{tp,f}} = \Delta p - \Delta p_{\mathrm{s}} - \Delta p_{\mathrm{tp,a}} - \Delta p_{\mathrm{tp,el}} \tag{5-3-10}$$

(2) 以干度为横坐标，摩擦压降为纵坐标作图，分别分析质量流密度、系统压力、加热功率对摩擦压降的影响.

八、思考题

调研两相流压降的分相模型计算 $\Delta p_{\mathrm{tp,a}}$，$\Delta p_{\mathrm{tp,el}}$ 重复上述过程，分析质量流密度、系统压力、热流密度对摩擦压降的影响；并与相关经验公式（如 L-M 关系式、Chisholm B 关系式、弗里德（Friedel）关系式等）做对比.

第四节　两相强迫流动换热实验

一、实验目的

(1) 认识竖直管内沸腾两相流传热现象；

(2) 掌握两相流换热系数的计算；

(3) 了解部分热工参数对沸腾两相流传热特性的影响.

二、实验内容

(1) 探究质量流密度对换热系数的影响；

(2) 探究实验段压力对换热系数的影响；

(3) 探究加热功率对换热系数的影响.

三、实验原理

两相流动是指固体、液体、气体三相中的任何两个相态组合在一起，具有相间界面的流动体系，是自然界中常见的一种流体现象，如血液流动、液体沸腾等. 在反应堆中，两相流常发生在事故工况下. 在压水堆设计初期，不允许反应堆中出现两相流，这可能会引来流动不稳定性，但相变作为一种有效的换热方式，产生气泡对换热也有一定的促进作用，引入两相流传热，核反应堆的传热效率将有较大提升.

四、实验段及测量

1. 反应堆热工实验回路系统、LabVIEW 测控系统、S 型热电偶

2. 实验段(图 5-1-2)

形状：圆管；

方向：竖直；

材料：不锈钢；

内径 D：10mm；

长度 L：1000mm；

加热方式：铜板均匀加热；

工质：去离子水.

3. S 型热电偶

实验中，共用到 5 个热电偶，热电偶可采用 S 型，具体参数如表 5-4-1 所示，用于测量实验段外壁温，在实验段均匀布置即可.

表 5-4-1 S 型热电偶参数

属性	参数
设计尺寸	Φ3mm，前端 500mm，后端 200mm
精度	I 级
测量温区	0～1600℃

五、工况安排

实验研究前需根据实验装置条件，完成工况设计和实验前预计算，除热平衡实验外，其余工况均需要保证出口为两相流，如表 5-4-2 所示.

表 5-4-2 实验工况安排

流量/(t/h)	入口温度/℃	出口含汽率	入口压力/kPa	加热功率/kW

六、实验步骤

1. 热平衡实验

(1) 检查实验装置是否正常；

(2) 安装热电偶于实验段外壁，检查电路连接是否正确；

(3) 启动装置；

(4) 调节实验段加热功率，保证进出口处于单相流动状态；

(5) 测定进出口温度、压力和当下质量流速，并做好数据记录.

2. 探究不同因素对换热系数的影响

(1) 测定完实验段加热效率后，根据预先设计工况调整系统阀门、稳压器等；

(2) 固定系统压力和加热功率保持不变，通过调节阀门改变质量流量的大小，选择十组不同大小的体积流量进行实验，每调节一个工况，需待各个参数示数稳定后，记录进出口温度、压力、质量流量等参数，记录表参考表 5-4-3；

(3) 固定质量流量和加热功率不变，通过调节加在稳压器里的氮气量调节系统压力，选择十组不同大小的系统压力进行实验，每调节一个工况，需待各个参数示数稳定后，记录进出口温度、压力、质量流量等参数，记录表形式参考表 5-4-3；

(4) 固定系统质量流量和压力不变，通过调节直流电源电压和电流来改变加热功率，选择十组不同大小的加热功率进行实验，每调节一个工况，需待各个参数示数稳定后，记录进出口温度、压力、质量流量等参数，记录表形式参考表 5-4-3；

(5) 完成实验测量，关闭实验装置，关闭电源.

表 5-4-3 实验数据记录表

序号	质量流量	实验段压力		实验段温度		实验段外壁温度		
		入口	出口	入口	出口	序号	高度	温度
1								
2								
……								

七、实验数据处理

1．确定实验段的加热效率

在进行热平衡实验时，根据实验段进出口温度和压力，计算得到工质的焓升，即工质吸收的热量，结合实验段加热功率，就可以得到实验段加热效率η.

实验段的加热功率Q_T可以通过加热电压U和加热电流I得出

$$UI = Q_T + Q_{\text{loss}} \tag{5-4-1}$$

其中，Q_{loss}为散入大气中的自然对流换热量. 在实验中，实验段均加以保温材料，以减少散热量. 根据热平衡实验汇总，实验段进出口温度和压力，计算得到工质焓升，即为Q_T，则实验段加热效率为η，如式(5-4-2)所示

$$\eta = \frac{Q_T}{UI} \tag{5-4-2}$$

2．计算各个工况下的传热系数

传热系数根据牛顿冷却公式进行计算，公式内涉及内外壁温等量的测定，需要依次计算如下变量.

1) 热流密度q_{w}

实验段的加热功率Q_T可以通过加热电压U、加热电流I以及加热效率得出

$$Q_T = UI\eta \tag{5-4-3}$$

热流密度计算公式

$$q_{\text{w}} = \frac{Q_T}{2\pi R_{\text{in}} L} \tag{5-4-4}$$

其中，R_{in}为实验段管内径，L为实验段长度，单位均为m.

2) 实验段进出口温度及管内壁温度$t_{\text{w,in}}$

实验段进出口温度$t_{\text{f,in}}$、$t_{\text{f,out}}$和管外壁温度$t_{\text{w,out}}$都采用购买的T型热电偶测量，通过温度与电压的关系计算得出，并显示于计算机实时监控画面. 而管内壁温度则通过式(5-4-5)和式(5-4-6)计算

$$t_{\text{w,in}} = t_{\text{w,out}} - \Delta t_{\text{w}} \tag{5-4-5}$$

$$\Delta t_{\text{w}} = \frac{-r_{\text{in}} q_{\text{w}}}{2\left(r_{\text{out}}{}^2 - r_{\text{in}}{}^2\right)\lambda}\left[\left(r_{\text{out}}{}^2 - r_{\text{in}}{}^2\right) - 2r_{\text{out}}{}^2 \ln\frac{r_{\text{out}}}{r_{\text{in}}}\right] \tag{5-4-6}$$

式中，Δt_{w}为管内外温差；q_{w}为实验段表面热流密度；r_{in}为管内半径；r_{out}为管外半径；λ为实验段的管壁导热系数，由100℃时，$\lambda = 16.33\text{W}/(\text{m}\cdot\text{K})$和300℃时，$\lambda = 18.84\text{W}/(\text{m}\cdot\text{K})$的$\lambda$值对所需的$\lambda$进行内插求出.

3) 换热系数 h

换热系数分为平均换热系数和局部换热系数.

实验段平均换热系数 h_{av}

$$h_{av}=\frac{q}{T_{w,av}-T_{f,av}} \tag{5-4-7}$$

实验段局部换热系数 h_i

$$h_i=\frac{q}{T_{w,i}-T_{f,i,sat}} \tag{5-4-8}$$

式中，q 为实验段以内壁面为基准的热流密度；$T_{w,av}$ 为实验段管壁的平均温度，单位为℃；$T_{f,av}$ 为实验段工质的平均温度，过冷沸腾取进出口平均温度，饱和沸腾则取当时压力下的饱和温度，单位为℃；$T_{w,i}$ 为实验段计算截面处的局部温度，单位为℃；$T_{f,i,sat}$ 为实验段计算截面处工质的饱和温度.

4) 热平衡干度 X_{eq}

假设：

(1) 由于管径远小于管长，则认为沿着轴向方向整个实验管壁面热密度是均匀分布的，沿着流动方向管道壁面的温度也均匀分布的；

(2) 忽略了过冷沸腾，认为工作介质在流动过程中直接被加热至饱和温度，然后开始汽化为气体；

(3) 为处理数据方便，可以假设在沿流动方向上密度、黏度等物性均为常数.

本实验液体以过冷状态流入实验段，在实验段中经历单相发展阶段被加热为饱和水，又经历饱和沸腾阶段后流出实验段，干度为 0 的点为沸腾起始点.

沸腾起始点可按式 (5-4-9) 和式 (5-4-10) 计算

$$\frac{l_1}{L}=\frac{h_{fs}-h_{in}}{\Delta h} \tag{5-4-9}$$

$$\Delta h=\frac{UI}{q_m} \tag{5-4-10}$$

实验段任意点的干度可按式 (5-4-11) 和式 (5-4-12) 计算

$$x_i=\frac{h_{in}+\Delta h_i-h_{fs}}{h_{fg}} \tag{5-4-11}$$

$$\Delta h_i=\frac{l_i}{L}\times\frac{UI}{q_m} \tag{5-4-12}$$

式中，l_1 为实验段进口到沸腾起始点的距离，单位为 m；l_i 为实验段进口到测量点的距离，单位为 m；L 为实验段总长度，单位为 m；Δh 为整个管子的焓升，单位为

kJ/mol；Δh_i 为入口到测量点的焓升，单位为 kJ/mol；q_m 为质量流量，单位为 kg / s.

3. 探究不同因素对传热系数的影响

利用上述计算数据，以干度为横坐标，以局部换热系数为纵坐标作图. 分别探究质量流密度、系统压力、加热功率对流动沸腾换热系数的影响，涉及的变量较多，建议自行设计表格整理好数据后再作图.

八、思考题

根据实验结果判断，如何增强反应堆换热能力？

第五节　两相流型实验

一、实验目的

认识垂直上升管道中水与空气两相流的流型.

二、实验内容

(1) 控制气、水两相流气相速度和液相实验，观察垂直上升管道中通入水与空气两相流的流型特征；

(2) 绘制流型图.

三、实验原理

空气和水的两相流动中，随着含汽率的不同会表现出不同的流动状态，含汽率由低到高依次为泡状流、弹状流、乳沫状流、环状流、细束环状流. 具体的流型图如图 5-5-1 所示.

在判断垂直上升管的流型中，图 5-5-2 的流型得到了广泛的应用，此图适用于空气-水和汽-水两相流. 得出此图的实验条件是管子内径为 31.2mm，压力为 0.14～0.54MPa 的空气-水两相流.

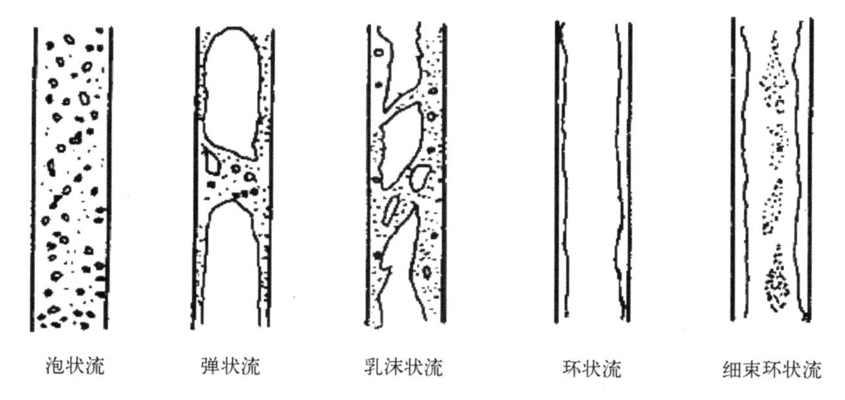

图 5-5-1　垂直圆管内气-水两相流流型特征

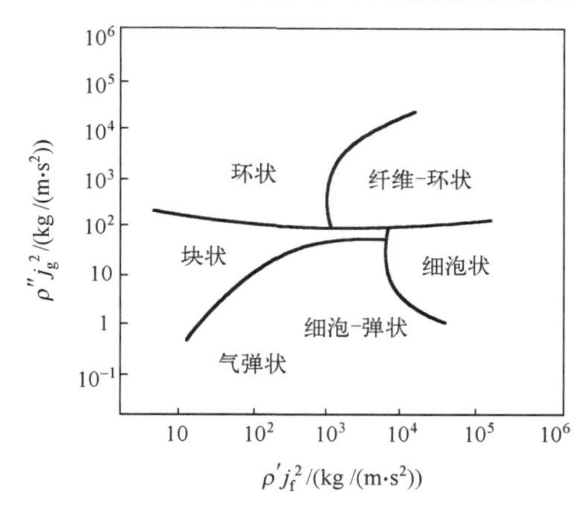

图 5-5-2　两相流流型划分

图 5-5-2 中横坐标为液相的表观动量流密度 $\rho' j_{\mathrm{f}}^2$，纵坐标为气相的表观动量流密度 $\rho'' j_{\mathrm{g}}^2$，可分别按下两式计算：

$$\rho' j_{\mathrm{f}}^2 = \frac{G_{\mathrm{f}}^2}{\rho'} \tag{5-5-1}$$

$$\rho'' j_{\mathrm{g}}^2 = \frac{G_{\mathrm{g}}^2}{\rho''} \tag{5-5-2}$$

其中，G_{f} 和 G_{g} 分别为水和空气的质量流密度；ρ' 和 ρ'' 分别是水和空气的密度.

四、实验段及测量

实验装置如图 5-5-3 所示.

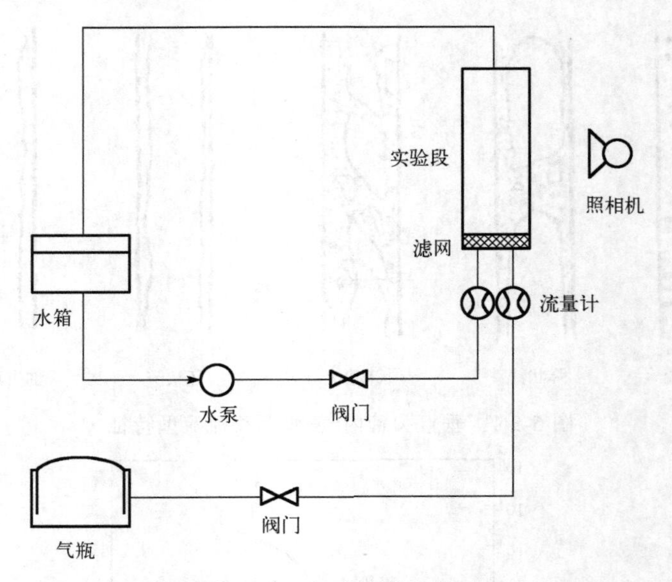

图 5-5-3　实验装置示意图

五、实验步骤

(1) 检查实验装置是否正常；

(2) 启动装置；

(3) 在常压下，分别调节通入的水和空气的质量流量，记录于表 5-5-2，用照相机对实验段拍照；

(4) 完成实验测量，关闭实验装置.

六、实验数据处理

实验数据记录格式可参考表 5-5-1 和表 5-5-2.

表 5-5-1　空气和水的质量流量记录表

空气的质量流量/ (kg / s)	水的质量流量/ (kg / s)	流型

(1) 用照相机拍照的方式记录所观察到的流型，与理论图进行对比；

(2) 根据式(5-5-1)和式(5-5-2)计算出液相表观动量流密度 $\rho' j_f^2$ 与气相表观动量流密度 $\rho'' j_g^2$，并参考 Hewitt-Roberts 流型图绘制流型图.

表 5-5-2　空气和水的表观动量流密度计算表

空气的质量流量/(kg/s)	$\rho'' j_g^2$ / (kg / (m·s^2))	水的质量流量 /(kg / s)	$\rho' j_f^2$ / (kg / (m·s^2))	流型

七、思考题

思考各流型转换的原因.

第六节　临界热流密度实验

一、实验目的

(1) 认识临界热流密度的现象；

(2) 了解临界热流密度发生的条件；

(3) 了解临界热流密度的影响因素.

二、实验内容

(1) 探究实验段入口质量流速对临界热流密度的影响；

(2) 探究实验段入口过冷度对临界热流密度的影响；

(3) 探究实验段入口压力对临界热流密度的影响；

(4) 探究实验段出口含汽率对临界热流密度的影响.

三、实验原理

在工业应用中，总是希望反应堆在高功率密度下运行，以追求尽可能高的传热效率．然而追求经济性的前提是保证反应堆运行的安全性，随着功率密度的增加，壁面成核点急剧增多，产气率急剧增加，迅速在加热面构成气膜，蒸汽以连续气柱的形式相互重叠离开壁面，阻塞液体冷却加热面，直至最后形成稳定的膜态沸腾，导致传热系数陡降，壁温飞升，传热恶化，这种现象称为沸腾临界，对应的热流密度称为临界热流密度(CHF)．

CHF 可以分为两类：一类是偏离核态沸腾(DNB)型，主要发生在欠热区或低含汽率区，当热流密度较高时，管壁周边产生的蒸汽来不及汇入主流而在管壁周边形成蒸汽膜，导致传热系数大幅度下降而引起壁温飞升；另一类是干涸(dryout)型，主要发生在含汽率较高的区域，管壁四周的液膜被主气流撕破或者蒸干，将管壁直接暴露于蒸汽中，引起壁温飞升．其传热区域示意图如图 5-6-1 所示，干涸型主要发生在沸水堆(BWR)或重水堆(PHWR)中，对于压水堆(PWR)而言，工业界更关注的是 DNB 型 CHF.

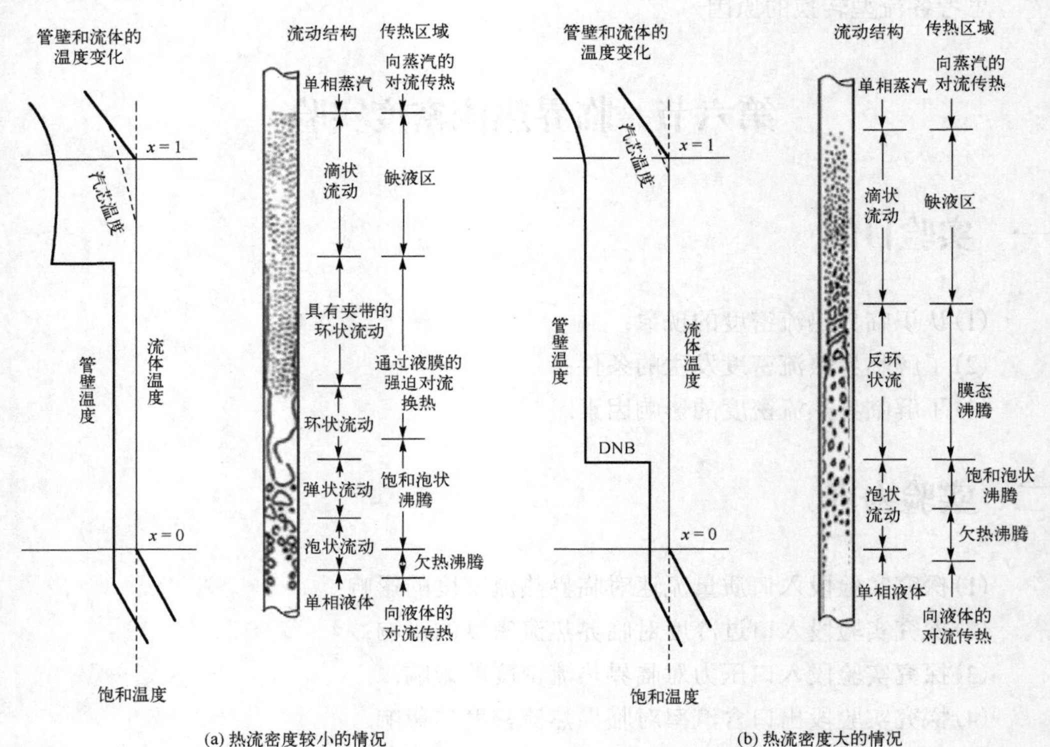

图 5-6-1　两种 CHF 情况(左：干涸型，右：DNB 型)

CHF的准确预测对核反应堆起着至关重要的作用，既是一个重要的安全运行保障参数，也是一个重要的设计限制因素. 影响CHF的机理比较复杂，目前尚未完全掌握其物理机制，应采用适当的模型进行准确预测. 对于复杂的棒束通道，均采用实验方法获得不同热工参数工况下燃料包壳表面热流密度限值，并根据实验数据获得CHF预测关系式，用于堆芯热工设计和安全分析. 从20世纪50年代至今，针对圆管已经进行大量的CHF实验研究，同时也开发了大量的经验关系式，如Katto&Ohno关系式、Bowring关系式、Hall&Mudawar关系式和Alekseev关系式等.

四、实验段及测量

1. 反应堆热工实验回路系统、LabVIEW测控系统

2. 实验段(图5-1-2)

形状：圆管；

方向：竖直；

材料：不锈钢；

内径D：10mm；

长度L：1000mm；

加热方式：铜板均匀加热；

工质：去离子水.

3. S型热电偶

实验中，S型热电偶的固定方式为用软铁丝将热电偶测温探头固定在实验段外壁测量点处. 其部分参数如表5-6-1所示.

表5-6-1　S型热电偶参数

属性	参数
设计尺寸	Φ3mm，前端500mm，后端200mm
精度	I级
测量温区	0～1600℃

在本实验中，发生CHF现象的判据是壁温飞升，一般认为管壁温升速率≥15℃/s，且温度无回落时，则达到临界热流状态，将自动触发保护装置，关闭系统加热.

壁温通过热电偶获得，临界容易发生在主流平均热焓高的地方和实验段加热末端之前约100～150mm处. 在本实验中，将用到4个热电偶，分别布置在距离实验段出口40mm、100mm、150mm、200mm处.

五、工况安排

实验研究前需根据实验装置条件，完成工况设计和实验前预计算，研究不同加热功率和流量热平衡特点(表 5-6-2).

表 5-6-2 实验工况安排

流量/(t/h)	入口温度/℃	出口含汽率	入口压力/kPa	理论临界热流密度/(kW/m^2)

六、实验步骤

1. 热平衡实验

(1) 检查实验装置是否正常；

(2) 安装热电偶于实验段外壁，检查电路连接是否正确；

(3) 启动装置；

(4) 调节实验段加热功率，保证进出口处于单相流动状态；

(5) 测定进出口温度、压力和当下质量流速，并做好数据记录.

2. 探究不同因素对临界热流密度的影响

(1) 测定完实验段加热功率后，根据预先设计工况调节质量流量；

(2) 从 0 开始缓慢调节加热功率，为确保安全和试验数据的可靠性，每次功率增幅不超过上一个稳定功率的 5%，每次调整时间间隔为 3min，确保实验段在调整功率后温度达到稳定，才能继续提高功率；

(3) 同时关注壁面温度变化，当壁面温度变化速度超过 15℃/s 时，即认为达到沸腾临界，对应的有效热流密度即为临界热流密度，记录好此时各个热电偶温度，以及进出口压力、质量流量等参数；

(4) 重复上述操作，直至完成所有工况下临界热流密度的测量；

(5) 完成实验测量，关闭实验装置，关闭电源.

七、实验数据处理

1. 确定实验段的加热效率

在进行热平衡实验时，根据实验段进出口温度和压力，计算得到工质的焓升，即工质吸收的热量，结合实验段加热功率，就可以得到实验段加热效率.

2. 确定各个工况下临界热流密度数值

根据CHF现象判据(温度升高速率大于15℃/s且无回落)确定发生CHF现象时实验段加热功率，结合加热效率确定实验段有效加热功率，即为临界热流密度值.

3. 研究参数影响规律

探究入口段质量流量、入口段过冷度、入口段压力、出口段含汽率对临界热流密度值的影响，并绘制相应的散点图.

八、思考题

(1)研究临界热流密度对反应堆的正常运行有什么意义?

(2)DNB和干涸型的物理机制有什么不同?

参考文献

高璞珍，王兆祥，庞凤阁，等. 1997. 两种管长单管中水临界热流密度(CHF)实验比较[J]. 哈尔滨工程大学学报，(3): 49-55.

刘伟，郭俊良，张丹，等. 2022. 单棒垂直方形通道临界热流密度实验研究[J]. 核动力工程，43(1): 6.

西安交通大学. 2018. 一种可视化池式沸腾及临界热流密度试验系统及方法: 2018104876658[P]. [2018-9-14].

第七节　流动不稳定性实验

一、实验目的

(1)认识流动不稳定现象;

(2)分析流动不稳定性的类型;

(3)掌握流动不稳定性参数影响规律.

二、实验内容

(1) 开展自然循环单通道流动不稳定性实验；

(2) 开展并联通道流动不稳定性实验；

(3) 探究进口过冷度、质量流量及系统压力等热工参数对流动不稳定性的影响.

三、实验原理

提升安全性一直是先进核能系统研发的重点和努力方向，已有的压水堆运行经验表明，在运行过程中容易发生两相流动不稳定，随着反应堆设计的不断更新，适合不同堆型的换热工质应运而生，其中超临界流体凭借拟临界和超临界区的优异理化性质成为新型换热工质，如超临界水和超临界二氧化碳. 但是由于超临界流体工质在拟临界区剧烈的物性变化，运行过程中亦会发生类似于亚临界水的“两相”流动不稳定.

流动不稳定性现象成为了反应堆设计和运行中应该避免的问题，流动不稳定性的发生容易造成机械振动、系统控制问题，以及在极端情况下，会干扰传热特性，从而使传热表面烧坏. 在某些情况下，较大的流动振荡可能由于壁温的升高而导致管壳失效，随着壁温的持续波动，更可能的失效原因是管道的热疲劳，在核反应堆中，燃料元件的热疲劳主要发生在壁层和包层材料中.

常见的流动不稳定性主要分为静态流动不稳定性和动态流动不稳定性. 已知的静态不稳定性类型包括流量漂移(Ledinegg 不稳定性)、流型转变、成核不稳定性和间歇泉等. 最常见的动态不稳定性包括密度波流动不稳定性、压力降流动不稳定性和热声振荡，后者多见于火箭发动机组中，而在反应堆系统中不常见. 对于反应堆系统，动态流动不稳定性的危害程度更大，动态不稳定性的机理可以用传播时滞后和反馈现象来解释，瞬时扰动在到达系统其他点时需要一定的时间，时间与传播的波速成正比，例如，只有在经过一定的时间间隔后，才会在系统出口处感觉到入口流体速度的扰动. 然后这些沿系统的延迟扰动被反射回扰动的起始点，产生新的扰动，以此类推. 当满足某些条件时，这一过程可以通过自持性无限地继续下去，从而产生持续的流动振荡. 振荡的周期与扰动波沿系统传播所需的时间有关. 下面重点介绍密度波流动不稳定性和压力降流动不稳定性.

1. 密度波流动不稳定性

密度波流动不稳定性的发生主要是由于流量、密度与压降之间存在扰动传输的延迟与反馈效应，进口流量扰动在经过一定的延迟后传播到出口，产生的压降反馈扰动量与进口流量扰动存在一定的相位关系，在一定的结构条件和运行工况下引起

流量的周期性振荡. 密度波流动不稳定性的具体作用机理可以通过一个简化的喷放装置参数波动进行分析. 假设系统在加热段出口存在节流(压降来源)通道，流体再在此产生压降. 如图 5-7-1 所示，假设出口压力 p_e 和初始压力 p_i 恒定，若实验段出口和进口之间出现一个极小的压差减小(波动)，由于出口压力恒定不变，因此加热段进口压力 p_0 降低，进口速度升高. 因为能量守恒，流体在进口处的焓值出现变化，进而密度发生改变. 在 t_1 刻，速度增加的流体到达出口节流段，节流段压降增加，进出口压力差随之增加，此时进口压力 p_0 升高，进口流速出现减小，流体焓值和密度因此再次出现变化. 在 t_2 时刻，减速的流体到达出口节流件，节流压降再次减小，系统波动进入下一个循环.

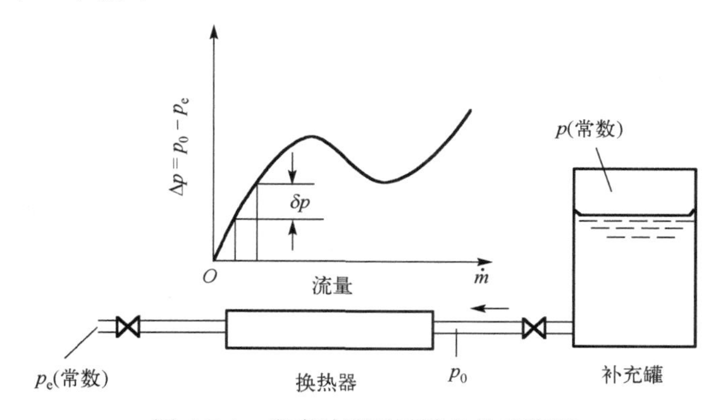

图 5-7-1　密度波流动不稳定性流程图

2. 压力降流动不稳定性

只有当整个测试段的压降随着流量的增加而减小时，才会出现压降型振荡，其周期受系统内补充罐可压缩性的影响，同时也受上游稳压器波动管内工质的影响. 从稳态压降关系可以了解压力降振荡的机理，如图 5-7-2 所示. 其中 p_i 和 p_e 分别为补充罐处和出口处的压力，p_2 是调压罐的压力，Q_1 和 Q_2 是调压罐进口和出口流速. 当 p_i 和 p_e 恒定时，可以基于 p_2 得到两条曲线，这两条曲线的交点就是稳态工况的运行点，如果运行工况点在特性曲线的负斜率区，如 P 点，p_2 的微小增长会导致 Q_2 的下降得比 Q_i 快，会引起 p_2 的升高. 系统不能稳定地运行在 P 点，随着调压罐压力的增加，液体在调压罐中积累，工作点将沿着特性曲线从 P 点移动到 B 点. 这两条曲线没有恒定的截距. 由于调压罐进口和出口流量之间的不平衡，在将操作点移到 C 时发生了流量偏移，在 C 点处，Q_2 大于 Q_1，通过加热器增加的流量现在用于减少调压罐此前积累的工质，p_2 降低，工作点沿着特性曲线从 C 点转移到 D 点，另一个流量漂移将工作点转移到 A 点，最后，流动不稳定性过程沿着极限 $ABCDA$ 不断重复.

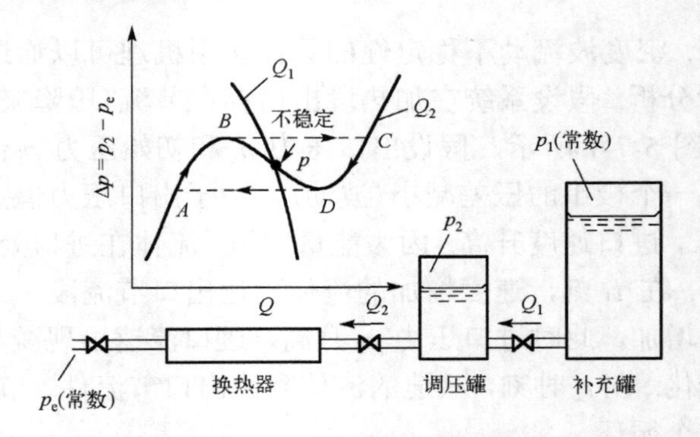

图 5-7-2　压力降流动不稳定性的流程图和极限环示意图

四、实验装置及测量

1. 实验装置

本实验需要在流动不稳定性实验装置上进行，具体的系统示意图如图 5-7-3 所示，详细参数见附录. 实验段的加热部分如图 5-7-4 所示. 实验工况按照表 5-7-1 参考设计.

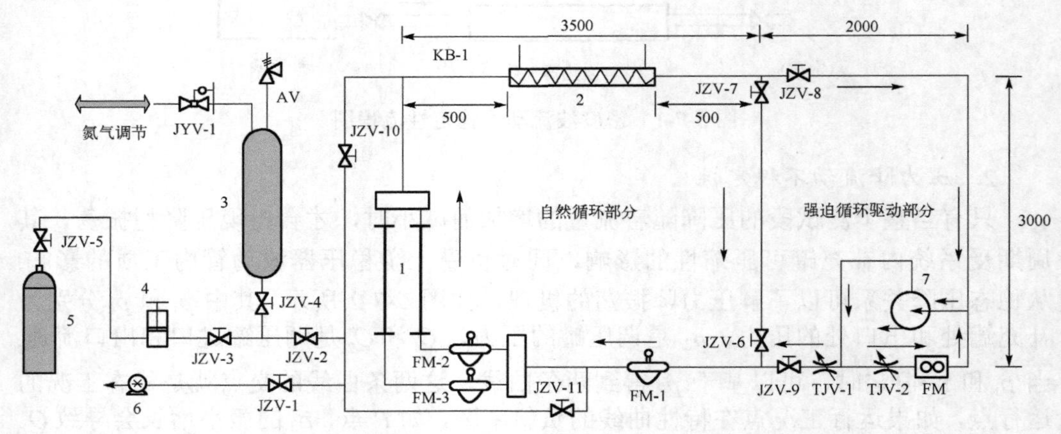

图 5-7-3　流动不稳定性实验装置示意图

1-加热段；2-冷却器；3-稳压器；4-增压泵；5-二氧化碳存储气瓶组；6-真空泵；7-驱动泵

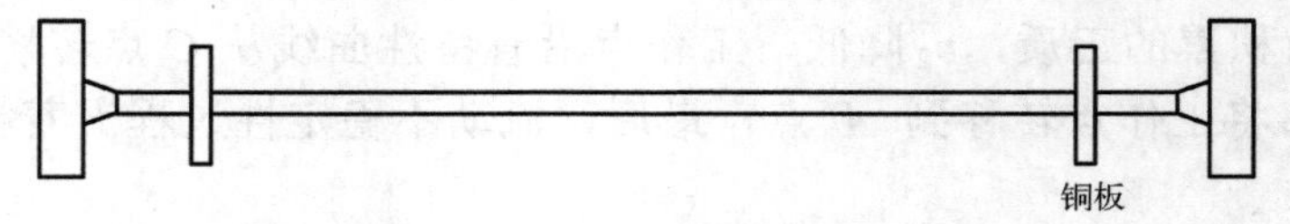

图 5-7-4　实验段的加热部分

表 5-7-1　流动不稳定性实验工况表

工况	类型	进口温度/℃	压力/MPa	临界温度/℃	稳压器接入方式
1					
2	压力改变				
3					
4					
5	温度改变				
6					
7					
8	流量改变				
9					

2．测量方法

本实验中测量的主要参数有：实验段进出口压力、稳压器压力、冷却器进出口压力；实验段压差、回路冷热段调节阀前后压差、孔板前后压差、冷却器压差；主回路流体流量、实验段流体流量、冷却器二次侧冷却水流量；实验段进出口流体温度、冷却段进出口流体温度、实验段外壁温；加热段电压和电流等. 测点详见图 5-7-5. 实验过程的数据采集通过 LabVIEW 系统完成.

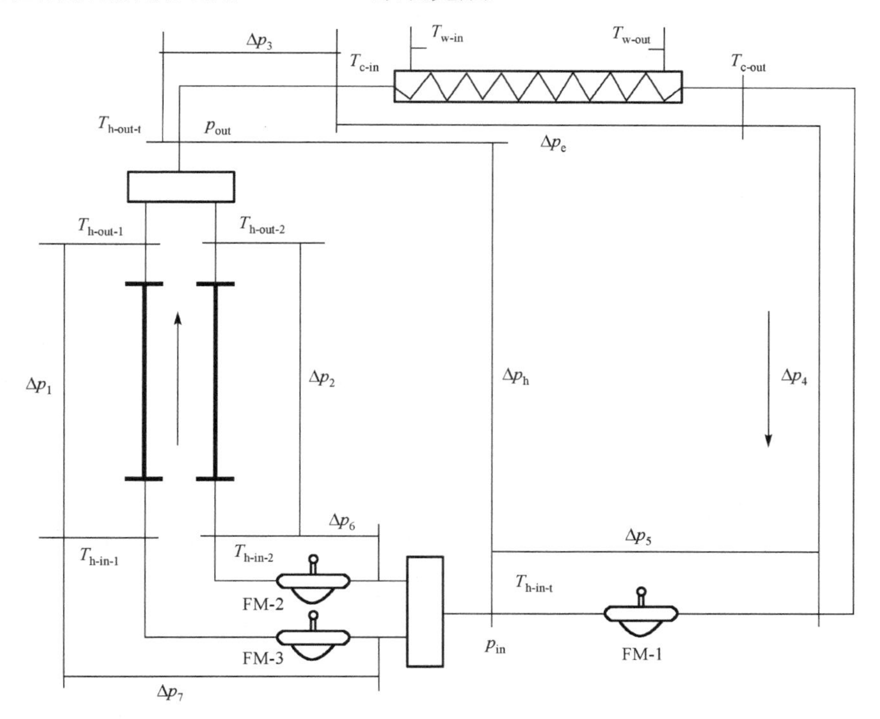

图 5-7-5　回路测点图

五、实验步骤

1. 实验前准备

为了顺利开展相应工况下的实验研究，以及实验过程中的安全保障，在正式实验前应该确保以下工作的有效进行：

(1) 进行回路检查，检查回路中截止阀的开启和关闭状态，将调节阀进行预调节，检查二回路冷却水箱的水位情况，根据实际情况进行给排水，检查实验段的电绝缘性，确保绝缘法兰两端具有足够大的绝缘电阻，检查保温棉的包裹完好程度并进行补充包裹；

(2) 进行回路打压，检查回路及稳压器的密闭情况，检查氮气补给瓶的压力情况，同时查看压力表和压差的表是否正常测量；

(3) 进行电气系统检查，检查回路主泵和冷却水泵的得电状态，检查动力柜、仪表柜的得电状态，检查直流电源启停及给定功率是否正常；

(4) 进行测控程序的检查，检查各测量参数信号的准确性，与表头示数进行比对，检查检测界面曲线显示是否正常、数据保存功能是否正常；

(5) 进行热态测试，启动驱动泵和二回路冷却水泵，调节使流量在一定范围内，实验段给予一定的加热功率，通过测控程序检测回路的压力信号、各段的压差信号、温度信号、流量信号，分析数据的合理性，通过进出口超临界二氧化碳的焓值变化，计算出加热效率，同时采用相同的方法计算出回路各段的热损失情况，以方便后续的实验进行和数据分析.

2. 正式实验

在正式实验前，需完成上述的实验前准备，实验回路可进行自然循环工况下的实验和强迫循环工况下的实验，两类实验的实验步骤如下；

(1) 开启供电系统，打开仪表柜、驱动泵、循环泵和直流电源供电开关，查看仪表显示情况.

(2) 开启实验回路和稳压器之间波动管的链接阀门，对实验回路及稳压器进行抽真空，当真空度达到要求后，开启供气气瓶组的供气总阀，打开仪表的排气阀，进行多次抽真空和排气冲洗操作.

(3) 完成回路清洗后，通过压缩机和增压泵对回路进行打压操作，当稳压器充入气体的质量达到预算值要求时，关闭气体增压系统，打开氮气减压阀，通过调节开度调节减压阀上下游的压力比，使系统压力达到预定工况，关闭氮气瓶补给阀，通过稳压器两端的压差表读数进行稳压器液位计算，为保持较好的稳压器效果，稳压器液位控制在 50%h 左右，通过排除氮气和充入二氧化碳使其达到目标液位.

(4) 冷却水箱注水，每次实验冷却水箱进行重新注水，便于实验过程中进行冷却

水的温度调节，开启二回路冷却水泵，调节冷却水流量至预设值.

(5) 通过开启阀门 JZV-10 和 JZV-11 选择稳压器波动管的接入位置.

(6) 通过开启阀门 JZV-6、JZV-7、JZV-8 和 JZV-9 选择自然循环实验回路和强迫循环实验回路.

(7) 若步骤(6)选择进行强迫循环回路，进行步骤(8)前，需要先启动二氧化碳流体驱动泵，调节阀门 TJV-1 和 TJV-2 控制主回路流量和支路流量(流经实验段的实际流量)的分配比，达到工况要求.

(8) 开启直流电源，采用电流模式进行加热功率的给定，阶跃式上升功率，在低功率运行时，每次增加功率较上一稳态功率值可以差别较大，当实验段出口温度接近拟临界温度时，每次增加功率不超过上一稳态功率的 5%.

(9) 在自然循环工况时，观察双通道和主管道的流量、实验段出口的温度，判断自然循环在该加热功率下是否达到稳定状态. 记录回路实验段进出口压力、稳压器压力、加热电流和实际电压(加热功率)、双通道流量和主管道流量、实验段进出口温度、实验段壁面温度分布、实验段和回路各段压降等实验数据.

(10) 当观察到不稳定流动现象时，将功率值锁定，其间通过调节冷却水泵的流量来维持实验段的进口温度. 记录 10 个周期内的流动不稳定性数据，改变稳压器波动管的接入位置，实现稳压器波动管分别接在进口、出口、进出口和全部关闭四种模式，记录每次改变的变化情况，若改变后仍出现波动现象，需记录至少 10 个周期的不稳定性波动现象，再进行下一次稳压器波动接入形式的改变.

(11) 继续增加实验段加热功率，观察和记录不稳定流动现象的变化，直至不稳定流动现象消失，记录不稳定流动消失功率点；继续增加功率，观察是否会出现不同的流动不稳定现象，直至直流电源满功率运行或实验段外壁温超过 500℃，停止增加加热功率，保存实验数据，完成一组实验.

(12) 改变回路的系统压力，重复步骤(4)～(11)，完成不同系统压力的流动不稳定性实验.

(13) 改变回路的进口温度，重复步骤(4)～(11)，完成不同系统压力的流动不稳定性实验.

(14) 完成实验时，先将直流电源功率降至 0，让冷却水泵继续运行，待实验段壁面温度和实验段出口温度低于 40℃时，关闭冷却水泵，待其自然冷却，关闭稳压器波动管接入阀门，关闭所有电源，结束实验.

六、实验数据处理

本实验的数据处理包括测量数据的正确读取、流动参数的计算分析、不稳定功率边界的判断和无量纲参数的处理方法.

1. 不稳定流动的判断

本实验研究对不稳定流动现象的判断如下：主要依据的物理量为实验段出口温度和质量流量，当每次在系统稳定运行的情况下，给系统一个扰动，如升功率或降功率、升高或降低二回路冷却水流量和调节进出口阻力等，一般是调节加热功率，当增加一个很小的加热功率时，质量流量和实验段出口温度发生了周期性的波动，即可认为发生了流动不稳定性.

2. 不稳定功率起始点的确定

实验过程中，采用阶跃式增加功率的加热方式，直流电源采用恒定电流工作模式，每次增加功率通过增加一定的电流值实现. 在加热功率较低时，每次增加的功率值可以适当放宽，当实验段出口温度到达拟临界附近时，减小每次增加功率的值. 当发生不稳定流动时，对应的不稳定功率起始点为该功率 Q_t 和上一功率值 Q_0 的平均值

$$Q_c = \frac{Q_t + Q_0}{2} \tag{5-7-1}$$

3. 不稳定边界无量纲参数的分析

由于实验过程中，不同的系统压力，不同的进口温度，对应的不稳定功率起始点也不同，为了方便边界的划分和数据的推广，需要对实验数据进行无量纲处理. 两相流动不稳定性使用过冷度数 N_{SUB} 和相变数 N_{PCH}，超临界流体使用欠拟临界数 N_{SPC} 和过拟临界数 N_{TPC}，过冷度数和欠拟临界数主要与进口状态有关，相变数和过拟临界数主要与功率、流量有关

$$N_{\mathrm{SPC}} = \frac{\beta_{\mathrm{pc}}}{c_{p,\mathrm{pc}}}\left(h_{\mathrm{pc}} - h_{\mathrm{in}}\right) \tag{5-7-2}$$

$$N_{\mathrm{TPC}} = \frac{\beta_{\mathrm{pc}}}{c_{p,\mathrm{pc}}}\frac{Q}{w} \tag{5-7-3}$$

七、思考题

(1) 自然循环工况下和强迫循环工况下的流动不稳定性的主要区别是什么？

(2) 流动不稳定性与工质物性的联系有哪些？

参考文献

杨世铭，陶文铨. 2006. 传热学[M]. 4 版. 北京：高等教育出版社.

Ambrosini W,Sharabi M.2008. Dimensionless parameters in instability analysis of heated channels with fluids at supercritical pressures[J].Nuclear Engineering and Desigin, 238(8):1917-1929.

Greif R. 1988. Natural circulation loops[J]. Jounrnal of Heat Transfer,110(46): 1243-1258.

Liu G,Huang Y P,Wang J F, et al.2016. Heat transfer of supercritical carbon dioxide flowing in a rectangular circulation loop[J]. Applied Thermal Engineering, 98:39-48.

Prasad G,Pandey M,Kalra M S. 2007. Review of research on flow instabilities in natural circulation boiling systems[J]. Progress in Nuclear Energy, 49(6):429-451.

Xi X , Xiao Z J , Yan X , et al. 2014. An experimental investigation of flow instability between two heated parallel channels with supercritical water[J]. Nuclear Engineering and Design, 278:171-181.

Zuber N. 1996. An Analysis of Thermally Induced Flow Oscillations in the Near-Critical and Super-Critical Thermodynamic Region[R].

Zvirin Y. 1982. A review of natural circulation loops in pressurized water reactors and other systems[J]. Nuclear Engineering and Desigin, 67(2):203-225.

第八节 临界流实验

一、实验目的

(1)认识临界流现象;

(2)了解临界流影响因素.

二、实验内容

(1)探究上游滞止压力对临界流的影响;

(2)探究上游滞止温度对临界流的影响;

(3)探究实验段长径比对临界流的影响.

三、实验原理

临界流是上游压力固定,随下游压力减小,质量流量保持不变的现象,如图 5-8-1 所示. 该现象受多个参数影响,包括孔板、短孔或长管,流体相态,管壁粗糙度,入口几何形状,以及上游滞止参数等,各因素共同耦合影响着孔道出口的流动阻塞现象，如图 5-8-2 所示. 临界流研究主要是伴随着压水堆安全分析的需求而逐渐兴起，特别是 1979 年美国三哩岛核电站事故之后，小破口失水事故引起了广泛重视，美国、日本等核电强国开展了大量的以亚临界水为工质的临界流研究.

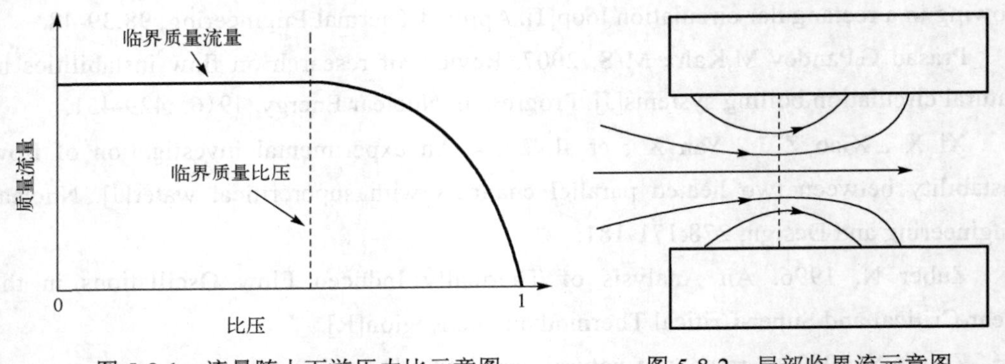

图 5-8-1　流量随上下游压力比示意图　　　图 5-8-2　局部临界流示意图

通过破口的临界流量的预测十分重要，它决定了堆芯降压速率、压力波在堆芯内的传播、堆芯水位，以及应急冷却系统的动作时间. 影响临界流的机理比较复杂，目前尚未完全掌握其物理机制. 目前主要采用实验方法获得不同参数下的临界流质量流量，并根据实验数据和理论模型进行对比，得到半经验理论计算公式，用于堆芯热工设计和安全分析. 目前，针对水的临界流现象已经进行了大量的实验研究，同时开发了大量的理论关系式，如均相等熵模型、滑移模型、均相松弛模型、两流体模型等.

四、实验装置及测量

临界流实验装置(图 5-8-3)主要由二氧化碳储存系统、测量控制系统、实验管段以及阀门开闭系统等组成. 二氧化碳储存系统包括高压气瓶组、绝热保温层、缠绕式电加热带以及系统附属的流体充填装置，用于提供实验所需的上游滞止条件. 测量控制系统中流量、温度、压力测量由加装于二氧化碳储存系统和实验管段之间的流量计、热电偶、压力传感器及其信号采集处理装置组成，用于测量实验过程中流体的质量流量、温度和压力；高压气瓶组内二氧化碳质量由高精度电子秤进行测量. 实验管段提供不同长径比(L/D)、不同入口结构的实验喷管，以便模拟多种具体流动情况. 阀门开闭系统布置在实验段的上游处，用于启动和停止实验. 真空泵的功能是在储气罐充入二氧化碳前为保证罐内气体纯度，将储气罐抽成真空状态.

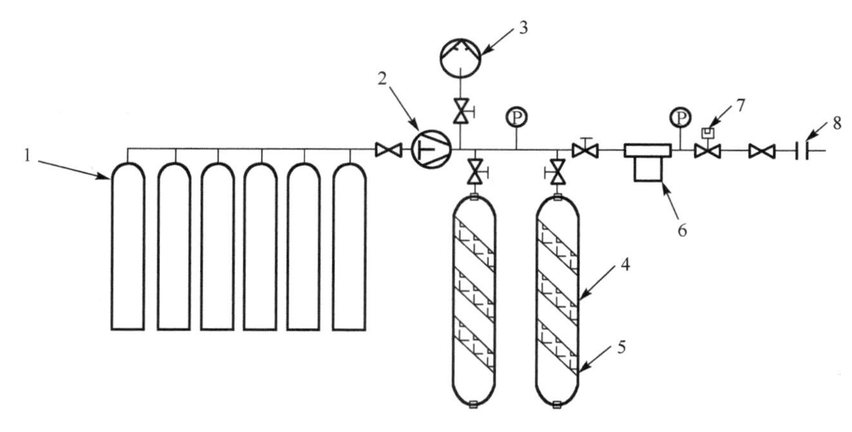

图 5-8-3 实验装置示意图

1-低压二氧化碳气瓶组；2-增压泵；3-真空泵；4-高压气瓶组；5-加热片；6-流量计；7-电磁阀；8-实验段

实验段采用 304 不锈钢进行加工，通过螺纹与实验装置进行连接. 实验结构如图 5-8-4 所示，实验段参数如表 5-8-1 所示.

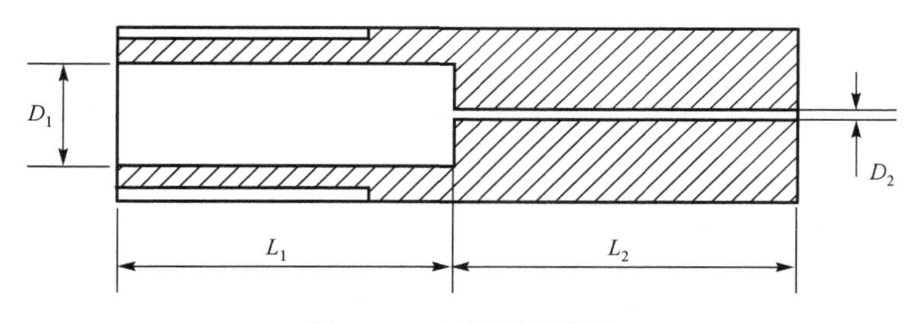

图 5-8-4 实验段示意图

表 5-8-1 实验段结构参数

长径比 (L_2/D_2)	L_2/mm	L_1/mm	D_2/mm	D_1/mm
5	10	40	2	13
5	15		3	
5	25		5	
40	40		1	
100	100		1.01	
150	150		1.00	

五、工况安排

实验主要研究滞止压力、滞止温度，以及实验段长径比对临界流质量流量的影响，实验工况安排可参考表 5-8-2.

表 5-8-2 实验工况安排

滞止压力/MPa	滞止温度/℃	长径比	质量流量/(kg/h)

六、实验步骤

实验步骤总共有 7 步：

(1) 通过真空泵去除实验装置内空气.

(2) 使用 NIST 数据库计算目标工况所需二氧化碳质量，使用增压泵对气瓶组填充相应质量气体. 填充质量通过电子秤称量.

(3) 打开加热带加热容器.

(4) 通过压缩机和阀门对压力、质量进行微调，使初始工况达到目标值.

(5) 打开实验段上游的阀门开始实验，时间为 30s，记录质量流量稳定段的质量流量实验数据.

(6) 关闭系统，完成实验.

(7) 对实验工况进行切换，重复进行 (2) ～ (6) 的步骤，得到不同工况的实验数据.

七、实验数据处理

实验过程中临界流量由流量计直接测量得到并传输至计算机内部进行存储，但由于在阀门开启时会引起流量的突然波动，因此在进行实验处理时要去除这一影响. 具体方法是选取测量开始后一定数量的计数点进行线性拟合得到实时质量流量，同时可去除流量曲线前端波动较大的区域，以便使拟合结果更为准确，具体选取多少个计数点进行拟合以及去除前端多长时间的计数点需要具体进行实验后再行确定.

实验过程中上游滞止压力、温度，以及下游环境压力和温度由布置在实验段进口和出口的压力传感器和热电偶测量得到，并由数据采集卡传输至计算机内进行存储. 得到的压力和温度数据同样采取选取计数点进行线性拟合的方式获取其具体数值但不去除任何数据点，具体的计数点选取同样需要具体进行实验后再行确定.

八、思考题

研究临界流有什么意义？

参考文献

陈听宽，徐进良，罗毓珊. 2001. 两相临界流实验研究[C]. 中国工程热物理学会多相流学术会议：97-100.

徐济鋆. 1993. 沸腾传热和气液两相流[M]. 北京：原子能出版社.

徐进良，陈听宽，陈学俊，等. 1995. 两相临界流[J]. 力学进展，25(1): 8.

闫昌祺. 2010. 气液两相流[M]. 2 版. 哈尔滨：哈尔滨工程大学出版社.

Mignot G P H. 2008. Experimental investigation of critical flow of supercritical carbon dioxide[D]. Madison:University of Wisconsin-Madison.

Mignot G P H, Anderson M H, Corradini M L. 2009. Measurement of supercritical CO_2 critical flow: Effect of *L*/*D* and surface roughness[J]. Nuclear Engineering and Design, 239 (5): 949-955.

第九节　自然循环实验

一、实验目的

(1) 认识自然循环现象；
(2) 分析自然循环的影响参数；
(3) 掌握自然循环实验方法和分析方法.

二、实验内容

(1) 开展不同进口温度的自然循环实验；
(2) 开展不同加热功率的自然循环实验；
(3) 开展不同进出口阻力的自然循环实验.

三、实验原理

安全性是上述系统可持续发展的前提和基础，作为提升非能动安全性的重要途径，对系统的设计和运行至关重要，自然循环成为持续关注的重点. 自然循环是一种非能动循环方式，无需机械泵等驱动装置，仅通过回路中热端和冷端的流体密度差在重力作用下产生驱动压头推动循环进行，将热量从热源带出. 自然循环系统结构简单、可靠性好，采用自然循环可以提高系统的固有安全性. 因此，研究流体在自然循环中的换热能力，以及影响其流动换热的因素对系统非能动安全性的设计与分析尤为重要.

简单的自然循环回路如图 5-9-1 所示，沿着重力方向上下分布着热源、冷源以及连接二者的管道，就组成了最简单的自然循环模型. 当热源对工质进行加热时，热源内的工质密度不断地降低，密度较低的流体会受浮升力的作用沿着连接管道上浮到密度较大的冷源附近，经过冷源的冷却后变成密度更大的流体，由于重力的作用会沿着连接管道下落到密度较低的热源附近，经过热源加热后重新变成密度较低的流体沿着管道上升，这样依靠冷热源的密度差引起的浮升力推动着上述过程不断进行，形成了自然循环流动换热现象.

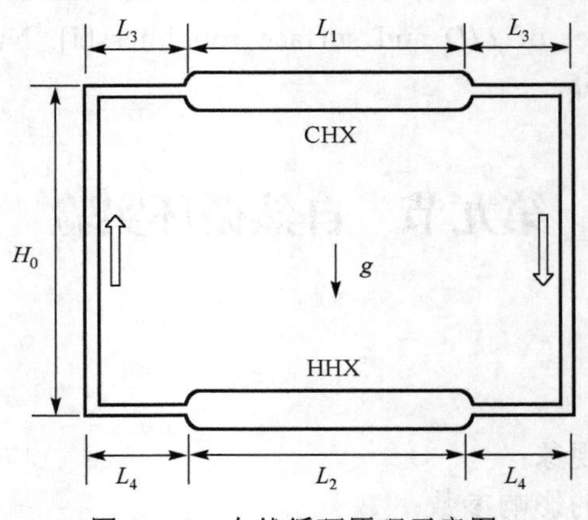

图 5-9-1　自然循环原理示意图

自然循环的换热能力受很多因素的影响，由于浮升力效应，冷热源的高度差是很主要的影响因素，同时还受换热工质的物性、运行的热工参数和回路的几何参数的影响.

四、实验装置及测量

1. 实验装置

本实验需要在自然循环实验装置上进行，具体的系统示意图如图 5-9-2 所示，详细参数见附录. 实验段的加热部分如图 5-9-3 所示. 实验工况按照表 5-9-1 参考设计.

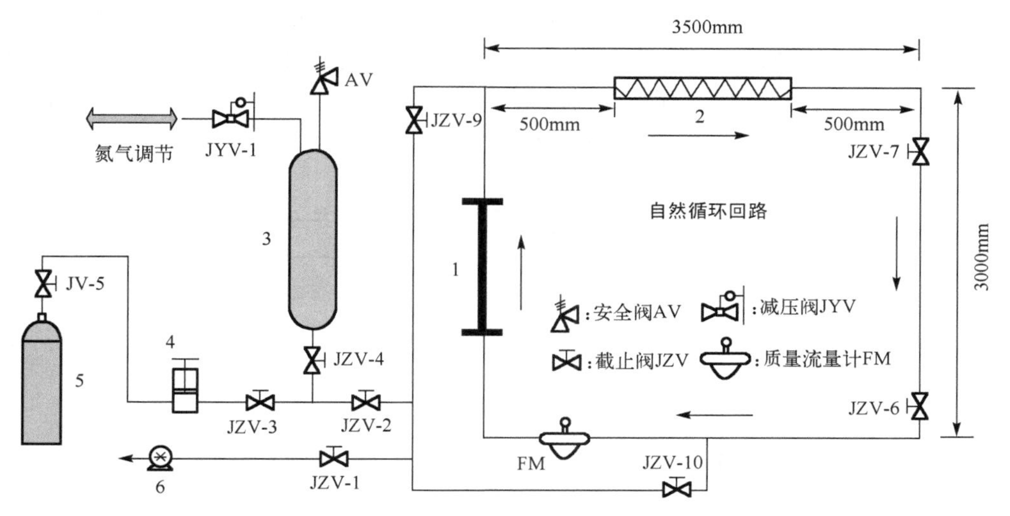

图 5-9-2 自然循环系统示意图

1-加热段；2-冷却器；3-稳压器；4-增压泵；5-二氧化碳存储气瓶组；6-真空泵

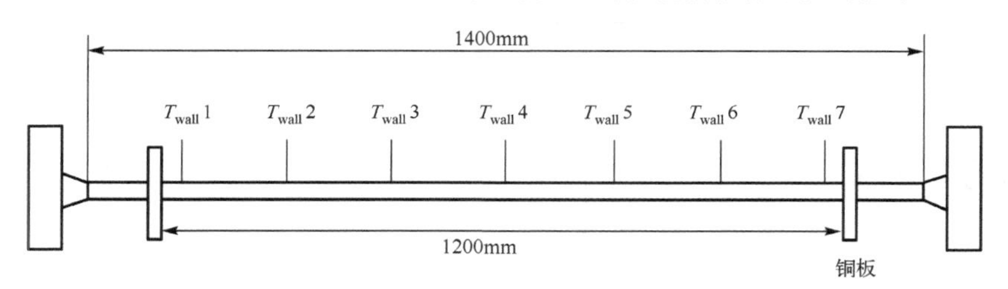

图 5-9-3 实验段的加热部分示意图

表 5-9-1 自然循环工况表

工况	类型	进口温度/℃	压力/MPa	临界温度/℃
1				
2	温度改变			
3				
4				
5	功率改变			
6				
7				
8	阻力改变			
9				

2. 测量方法

本实验中测量的主要参数有：加热段进出口压力、稳压器压力、冷却器进出口压力；加热段压差、回路冷热段调节阀前后压差、孔板前后压差、冷却器压差；主回路流体流量、加热段流体流量、冷却器二次侧冷却水流量；加热段进出口流体温度、冷却器进出口流体温度、加热段外壁温；加热段电压和电流等. 测点详见图 5-9-4. 实验过程的数据采集通过 LabVIEW 系统完成.

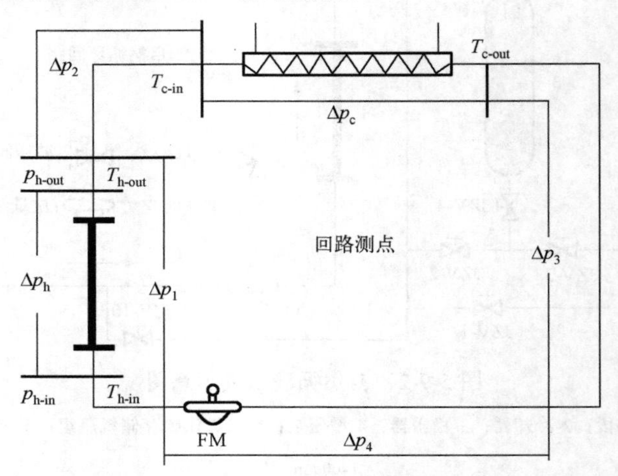

图 5-9-4　回路测点图

五、实验步骤

1. 实验前准备

为了顺利开展相应工况下的实验研究，以及实验过程中的安全保障，在正式实验前应该确保以下工作的有效进行：

(1) 进行回路检查，检查回路中截止阀的开启和关闭状态，将调节阀进行预调节，检查二回路冷却水箱的水位情况，根据实际情况进行给排水，检查实验段的电绝缘性，确保绝缘法兰两端具有足够大的绝缘电阻，检查保温棉的包裹完好程度并进行补充包裹；

(2) 进行回路打压，检查回路及稳压器的密闭情况，检查氮气补给瓶的压力情况，同时查看压力表和压差的表是否正常测量；

(3) 进行电气系统检查，检查回路主泵和冷却水泵的得电状态，检查动力柜、仪表柜的得电状态，检查直流电源启停及给定功率是否正常；

(4) 进行测控程序的检查，检查各测量参数信号的准确性，与表头示数进行比对，检查检测界面曲线显示是否正常，数据保存功能是否正常；

(5) 进行热态测试，启动驱动泵和二回路冷却水泵，调节使流量在一定范围内，实验段给予一定的加热功率，通过测控程序检测回路的压力信号、各段的压差信号、

温度信号、流量信号，分析数据的合理性，通过进出口超临界二氧化碳的焓值变化，计算出加热效率，同时采用相同的方法计算出回路各段的热损失情况，以方便后续的实验进行和数据分析.

2. 正式实验

在正式实验前，需完成上述的实验前准备，实验回路可进行自然循环工况下的实验和强迫循环工况下的实验，两类实验的实验步骤如下：

(1) 开启供电系统，打开仪表柜、驱动泵、循环泵和直流电源供电开关，查看仪表显示情况；

(2) 开启实验回路和稳压器之间波动管的链接阀门，对实验回路及稳压器进行抽真空，当真空度达到要求后，开启供气气瓶组的供气总阀，打开仪表的排气阀，进行多次抽真空和排气冲洗操作；

(3) 完成回路清洗后，通过压缩机和增压泵对回路进行打压操作，当稳压器充入气体的质量达到预算值要求时，关闭气体增压系统，打开氮气减压阀，通过调节开度调节减压阀上下游的压力比，使系统压力达到预定工况，关闭氮气瓶补给阀，通过稳压器两端的压差表读数进行稳压器液位计算，为保持较好的稳压器效果，稳压器液位控制在 50%h 左右，通过排除氮气和充入二氧化碳使其达到目标液位；

(4) 开启稳压器波动管的接入阀门，使得回路和稳压器的压力平衡；

(5) 冷却水箱注水，每次实验冷却水箱进行重新注水，便于实验过程中进行冷却水的温度调节，开启二回路冷却水泵，调节冷却水流量至预设值；

(6) 调节进出口阻力至预设工况值；

(7) 开启直流电源，采用电流模式进行加热功率的给定，按照实验工况表设定工况，阶跃式上升功率，每次增加功率不超过上一稳态功率的 5%；

(8) 调节冷却水温度和流量使加热段进口温度保持在设定工况±1℃内；

(9) 继续增加功率，获得设定进口温度下的完整的功率流量曲线，缓慢地降低直流电源功率至零，完成一组实验；

(10) 在进行不同组的实验时，重复步骤(6)～(9)，按照设计工况调节进行；

(11) 完成实验时，先将直流电源功率降至 0，让冷却水泵继续运行，待实验段壁面温度和实验段出口温度低于 40℃时，关闭冷却水泵，待其自然冷却，关闭稳压器波动管接入阀门，关闭所有电源，结束实验.

六、实验数据处理

本实验的数据处理包括稳态数据点的读取和功率-流量曲线的获取.

1. 单个稳态工况获取

对于自然循环实验，自然循环流量会根据冷热段密度差导致的浮升力而变化，自然循环换热过程其实是一个动态的平衡过程，在增加功率后，流量会发生波动，为了获得该功率点下的稳态流量，需要在增加功率之后观察流量曲线是否处于水平区，当流量稳定不变后，取水平段瞬态流量的均值作为该功率点下的稳态流量值.

2. 自然循环功率流量曲线

在单个稳态工况点获取的基础上，获得体现自然循环能力的功率-流量特性曲线时，需要在控制进口温度不变的情况下，阶跃式上升功率，每调节一次功率值，都要通过调节二回路系统来保持进口温度，每次的功率调节的起始和截止都按照单个稳态工况点进行，逐步地增加功率，直至得到数个稳态工况数据，按照单个稳态工况的数据方法处理得到单个功率-流量稳态数据点，将这些稳态数据点进行作图得到自然循环定进口温度条件下的功率-流量曲线.

3. G_r 的计算

G_r 是流体动力学和热传递中的无量纲数，其近似于作用在流体上的浮力与黏性力的比率. 在自然对流传热中，G_r 有利于分析流动传热能力，利用式(5-9-1)进行计算

$$G_r = \frac{g a_v \Delta t L^3}{\vartheta^2} \tag{5-9-1}$$

其中，a_v 是体积变化系数，对于理想气体即等于绝对温度的倒数；g 是重力加速度；L 是特征尺度；Δt 为温差；分母是运动黏度的平方.

对于自然循环，在进行 G_r 计算时，温差应该采用冷热段的平均温度的差值进行修正，这样对整体的循环能力具有概括性的体现，而不是表征局部换热能力.

七、思考题

(1) 自然循环的流动方向怎么确定？

(2) 功率-流量曲线与哪些参数有关？

第十节　管流局部阻力实验

一、实验目的

掌握圆管局部水头损失的测定方法.

二、实验内容

分别测定圆管在突缩、突扩情况下的局部水头损失.

三、实验原理

反应堆一回路中，冷却剂从冷管段进入压力容器，撞击吊篮外壁面后大部分冷却剂经过下降段流入下腔室，然后再向上流经堆芯，从热管段离开压力容器. 在这个过程中，冷却剂经过流量分配孔板、燃料组件定位件、燃料组件定位格架上的混流翼片等部位时流通截面突然变化会产生局部压力损失. 经过弯管、接管、阀门时也会产生集中的局部压力损失. 准确计算局部压力损失对计算一回路系统中的总压力损失有着重要意义.

流体在流动的局部区域，如流体流经管道的突扩、突缩和闸门等处(图 5-10-1)，由于固体边界的急剧改变而引起速度分布的变化，甚至使主流脱离边界，形成旋涡区，从而产生的阻力称为局部阻力. 由于局部阻力做功而引起的水头损失称为局部水头损失，用 h_j 表示. 局部水头损失是在一段流程上，甚至相当长的一段流程上完成的，如图 5-10-1 所示，断面 1 至断面 2，这段流程上的总水头损失包含了局部水头损失和沿程水头损失. 若用 h_i $(i=1,2,\cdots)$ 表示第 i 断面的测压管水头，即有

$$h_\mathrm{w}=h_\mathrm{j}+h_\mathrm{f1\text{-}2}=\left(h_1+\frac{\alpha v_1^2}{2g}\right)-\left(h_2+\frac{\alpha v_2^2}{2g}\right) \tag{5-10-1}$$

或

$$h_\mathrm{j}=\left(h_1+\frac{\alpha v_1^2}{2g}\right)-\left(h_2+\frac{\alpha v_2^2}{2g}\right)-h_\mathrm{f1\text{-}2} \tag{5-10-2}$$

局部阻力因数ζ为

$$\zeta=\frac{h_\mathrm{j}}{\dfrac{v^2}{2g}} \tag{5-10-3}$$

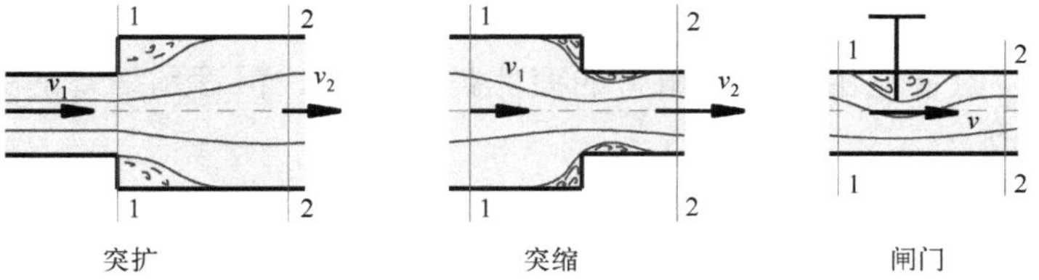

突扩　　突缩　　闸门

图 5-10-1　局部水头损失

四、实验装置及测量

1. 实验装置简图

实验装置及各部分名称如图 5-10-2 所示.

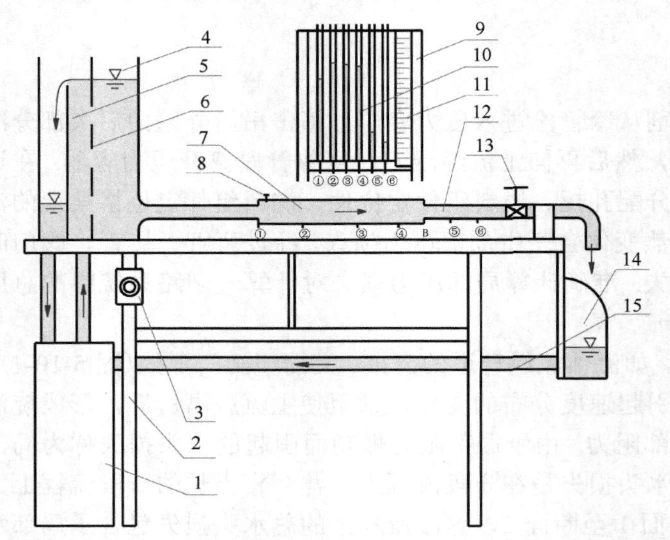

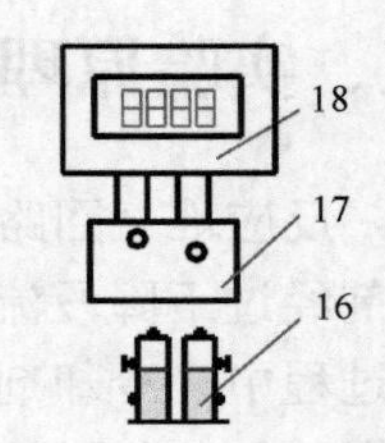

图 5-10-2 局部水头损失实验装置简图

1-自循环供水器；2-实验台；3-可控硅无级调速器；4-恒压水箱；5-溢流板；6-稳水孔板；7-圆管突然扩大；8-气阀；9-测压计；10-测压管①～⑥；11-滑动测量尺；12-圆管突然收缩；13-实验流量调节阀；14-回流接水斗；15-下回水管；16-稳压筒；17-传感器；18-智能化数显流量仪

2. 装置说明

实验管道由圆管突扩、突缩等管段组成，各管段直径已知. 在实验管道上共设有六个测压点，测点①～③和③～⑥分别用以测量突扩和突缩的局部阻力因数. 其中测点①位于突扩的起始界面处，这里引用公认的实验结论“在突扩的环状面积上的动水压强近似按静水压强规律分布”,认为该测点可用以测量小管出口端中心处压强值.

气阀 8 用于实验开始时排除管中滞留气体.

实验装置由实验桌、供水系统、实验管道、测压管、流量量测水箱和回水系统等组成. 其中实验管道由细管到粗管的突然扩大部分、粗管到细管的突然缩小部分和弯道部分组成.

3. 实验测量

1) 圆管突然扩大段

本实验仪采用三点法测量. 三点法是在突然扩大管段上布设三个测点，如图

5-10-2 测点①、②、③所示. 流段①至②为突然扩大局部水头损失发生段，流段②至③为均匀流流段，本实验仪测点①、②间距为测点②、③的一半，$h_{f1\text{-}2}$按流程长度比例换算得出

$$h_{f1\text{-}2}=h_{f2\text{-}3}=\frac{\Delta h_{2\text{-}3}}{2}=\frac{h_2-h_3}{2} \tag{5-10-4}$$

$$h_j=\left(h_1+\frac{\alpha v_1^2}{2g}\right)-\left(h_2+\frac{\alpha v_2^2}{2g}+\frac{h_2-h_3}{2}\right)=E_1'-E_2' \tag{5-10-5}$$

式中，$h_i(i=1,2,\cdots)$为测压管水头值，当基准面选择在标尺零点时即为第i断面测压管液位的标尺读值.

因此只要实验测得三个测压点的测压管水头值h_1、h_2、h_3及流量等即可得突然扩大段局部阻力水头损失.

若圆管突然扩大段的局部阻力因数ζ用上游流速v_1表示，为

$$\zeta=\frac{h_j}{\dfrac{\alpha v_1^2}{2g}} \tag{5-10-6}$$

对应上游流速v_1的圆管突然扩大段理论公式为

$$\zeta=\left(1-\frac{A_1}{A_2}\right)^2 \tag{5-10-7}$$

2) 圆管突然缩小段

本实验仪采用四点法测量. 四点法是在突然缩小管段上布设四个测点，如图5-10-2 测点③、④、⑤、⑥所示. 图中B点为突缩断面处. 流段④至⑤为突然缩小局部水头损失发生段，流段③至④、⑤至⑥都为均匀流流段. 流段④至B的沿程水头损失按流程长度比例由测点③、④测得，流段B至⑤的沿程水头损失按流程长度比例由测点⑤、⑥测得.

本实验仪$l_{3\text{-}4}$=2 $l_{4\text{-}B}$，$l_{B\text{-}5}=l_{5\text{-}6}$，有

$$h_{f4\text{-}B}=\frac{h_{f3\text{-}4}}{2}=\frac{\Delta h_{3\text{-}4}}{2} \tag{5-10-8}$$

$$h_{fB\text{-}5}=\frac{h_{f5\text{-}6}}{2}=\frac{\Delta h_{5\text{-}6}}{2} \tag{5-10-9}$$

$$h_{f4\text{-}5}=\frac{\Delta h_{3\text{-}4}}{2}+\Delta h_{5\text{-}6}=\frac{h_3-h_4}{2}+h_5-h_6 \tag{5-10-10}$$

$$h_j=\left(h_4+\frac{\alpha v_4^2}{2g}-\frac{h_3-h_4}{2}\right)-\left(h_5+\frac{\alpha v_5^2}{2g}+h_5-h_6\right)=E_4'-E_5' \tag{5-10-11}$$

因此只要实验测得四个测压点的测压管水头值h_3、h_4、h_5、h_6及流量等即可得突然缩小段局部阻力水头损失.

若圆管突然缩小段的局部阻力因数ζ用下游流速v_5表示，为

$$\zeta = \frac{h_j}{\frac{\alpha {v_5}^2}{2g}} \tag{5-10-12}$$

对应下游流速v_5的圆管突然缩小段经验公式为

$$\zeta = 0.5\left(1 - \frac{A_5}{A_4}\right) \tag{5-10-13}$$

3) 测量局部阻力因数的二点法

在局部阻碍处的前后顺直流段上分别设置一个测点，在某一流量下测定两点间的水头损失，然后将等长度的直管段替换局部阻碍段，再在同一流量下测定两点间的水头损失，由两水头损失之差即可得局部阻碍段的局部水头损失.

五、实验步骤

(1) 熟悉实验装置；

(2) 打开尾阀，接通电源，开启水泵，给水箱供水；

(3) 等到水箱开始溢水后，关闭尾阀，排除管道、测压管中的气体，并观察测压管中的水位是否在同一水平面上；

(4) 打开尾阀，使管道通过水流，并调节流量大小，使测压管水位在适当的高度；

(5) 测量各断面的测压管水头，用流量仪测定流量，将实验数据加入表 5-10-1 和表 5-10-2；

(6) 检查数据无误后，改变流量，再次测量；

(7) 关闭水泵，拔掉电源，结束实验.

六、实验数据处理

表 5-10-1　局部水头损失实验记录表

次数	流量 q_V /($\times10^{-6}$m^3/s)	测压管读数/($\times10^{-2}$m)					
		h_1	h_2	h_3	h_4	h_5	h_6
1							
2							
3							

表 5-10-2 局部水头损失实验计算表

细管 1 直径 cm 粗管直径 cm 细管 2 直径 cm

次数	阻力形式	流量 q_V /($\times10^{-6}$m^3/s)	前断面		后断面		h_j /($\times10^{-2}$m)	理论值ζ	经验值ζ
			$\frac{\alpha v^2}{2g}$/($\times10^{-2}$m)	E_1' /($\times10^{-2}$m)	$\frac{\alpha v^2}{2g}$/($\times10^{-2}$m)	E_2' /($\times10^{-2}$m)			
1	突然扩大								
2									
3									
1	突然缩小								
2									
3									

注：ζ对应于突扩段的 v_1 或突缩段的 v_5.

七、思考题

(1) 比较管流突然扩大的实测局部水头损失和理论局部水头损失的大小，并分析其原因.

(2) 本实验在计算局部水头损失时，计算了沿程水头损失，请思考此实验中沿程水头损失是否可以忽略.

第十一节 池式沸腾实验

一、实验目的

(1) 通过实验认识池式沸腾现象；

(2) 掌握实验操作流程、热电偶使用方法.

二、实验内容

(1) 通过可视化池式沸腾装置观察池式沸腾现象；

(2) 利用可视化池式沸腾装置得到沸腾曲线.

三、实验原理

1. 池式沸腾

当需要计算燃料元件传热的时候，首先必须判定冷却剂的传热工况. 众所周知，存在着两种基本的沸腾形式即池式沸腾(或大容积沸腾)和流动沸腾. 池式沸腾是指由浸没在具有自由表面. 原来静止的大容积液体内的受热面所产生的沸腾. 当液体处于饱和温度以下所产生的沸腾称为过冷池式沸腾；而液体处于饱和温度时，则称为饱和池式沸腾. 池式沸腾的特点是液体的流速很低，自然对流换热起主导作用. 在压水堆中发生冷却剂丧失事故的末期经过紧急注水后，堆芯中的燃料元件又重新浸没在水中，这种情况下产生的沸腾就属于池式沸腾.

2. 沸腾曲线

壁面过热度 $\Delta t = t_{\mathrm{w}} - t_{\mathrm{s}}$ (其中 t_{w} 为壁面温度，t_{s} 为相应状态下流体的饱和温度)和热流密度 q 的关系曲线通常称为沸腾曲线，如图 5-11-1 所示. 图 5-11-1 中 B 点前为不沸腾的自然对流区，B 点开始产生汽泡，所以称 B 点为沸腾起始点(ONB). 这时，由于在壁面上生成汽泡和汽泡脱离壁面的强烈扰动，对流换热系数大大增加，因此从 B 点起热流密度开始迅速上升，但壁温增加不大，到 C 点达到最大值. 一般称 C 点的热流密度为临界热流密度(CHF)，也有称之为烧毁热流密度的. BC 区称为核态沸腾(或称泡核沸腾)区. 此后由于部分受热面被连成一片的蒸汽膜所覆盖，热阻上升，热流密度开始下降，CD 称过渡沸腾区，DE 是稳定的膜态沸腾区，D 点以后由于辐射传热作用增强，热流密度又重新上升. 上面所提到的是控制壁温时受热面所经历的过程. 如果是逐步提高热流密度(例如电加热的情况)，这时壁面温度随热流密度的增加而增加，当热流密度达到 C 点后若想再增加热流密度，则壁面温度将会从 C 点直接跃迁到 E 点，如此高的壁温跃升有可能导致设备的烧毁. 所以 C 点又称为烧毁点. 在烧毁点附近(比 C 点略低)，有个表现为 q 上升缓慢的核态沸腾的转折点 H，称为 DNB(即偏离核态沸腾规律)点.

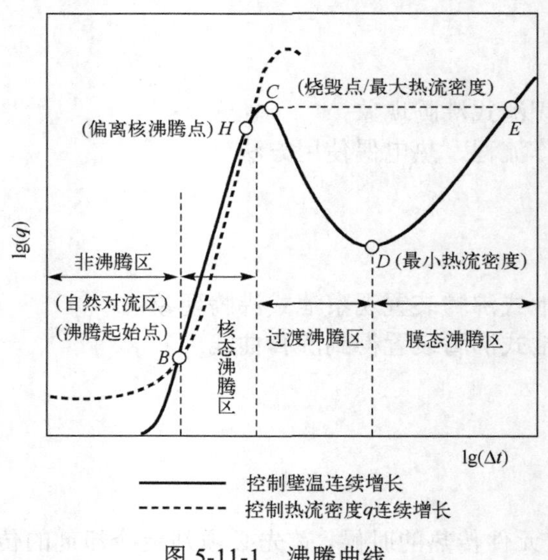

图 5-11-1　沸腾曲线

四、实验段及测量

实验段的组成如图 5-11-2 所示.

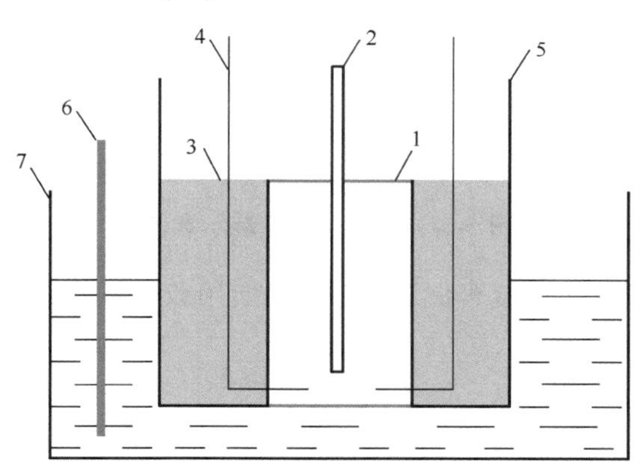

图 5-11-2 实验段示意图

1-紫铜块；2-实验段电加热棒；3-保温棉；4-K 型热电偶；5-不锈钢防水罩；6-水箱电加热棒；7-透明水箱

五、工况安排

实验研究前需根据实验装置条件，完成工况设计和实验前预计算，研究不同过热度和热流密度的关系，如表 5-11-1 所示.

表 5-11-1 实验工况安排

加热功率/W	t_w/℃	t_s/℃

六、实验步骤

1. 实验前准备

(1)在紫铜块 1 和不锈钢防水罩 5 之间填充保温棉 3 进行保温处理.

(2)在铜块换热面附近 1mm 处布置有 K 型热电偶 4 进行温度监测(图 5-11-3 中黑色的棒表示热电偶安装点).

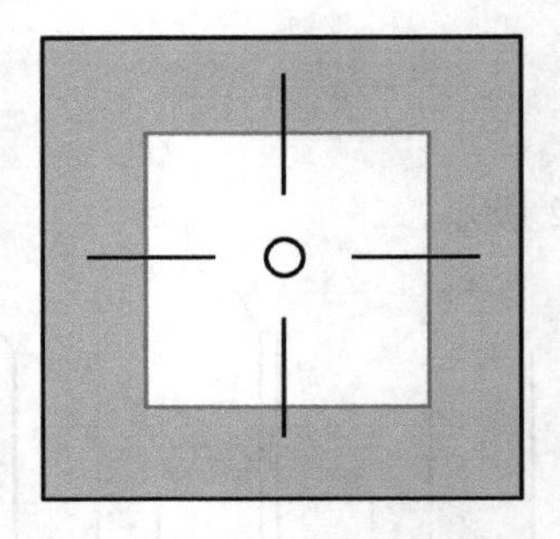

图 5-11-3　热电偶安装示意图

(3) 在透明水箱7表面包覆有保温层. 保温层用胶带固定，为尽可能减少热损失，保温层厚度应大于100mm.

2. 开展实验

(1) 实验开始前，需要提前将换热工质加热到饱和温度，依次打开数据测量与采集系统、实验段电加热棒加热；

(2) 从0开始提高实验段加热功率，为确保安全及实验数据的可靠性，每次功率增幅不超过上一稳定功率的5%，每次调整时间间隔为5min，必须确保实验段在调整功率后温度达到稳定不再上升时才能继续提高功率；

(3) 当实验段换热面的温度飞升(5～15℃/s)且无回落，此时的热流密度为临界热流密度；

(4) 在保证安全的情况下按照步骤(2)继续升温；

(5) 实验结束，保存数据，关闭电源，整理实验室.

七、实验数据处理

热流密度计算式为

$$q = \frac{Q}{S} \tag{5-11-1}$$

其中，q 为热流密度；Q 为投入实验段的总加热功率；S 为实验段的换热面积.

(1) 算出相应的过冷度和热流密度填入表5-11-2.

表 5-11-2　实验数据记录

加热功率/W	t_w/℃	t_s/℃	Δt/℃	热流密度/(W/m^2)

(2) 依据表 5-11-2 中给出的过热度和热流密度画出沸腾曲线.

八、思考题

(1) 分析实验得到沸腾曲线与实验原理中给出的实验曲线的差异.
(2) 分析实验过程中误差来源及减小误差的方法.

参考文献

西安交通大学. 2018. 一种可视化池式沸腾及临界热流密度试验系统及方法: 2018104876658[P][2018-9-14].

于平安，朱瑞安，喻真烷，等. 2002. 核反应堆热工分析[M]. 3 版. 上海：上海交通大学出版社.

附录

热工实验装置

用于反应堆热工实验的实验装置主要用以开展众多热工水力实验，实验装置通常通过搭建反应堆功率或体积比例缩小模型来模拟反应堆的各种热工现象，给商业或实验反应堆的搭建提供数据依据.

(1) 以研究的对象不同作为依据，主要分为分离式热工实验装置和整体式热工实验装置两种.

整体式热工实验装置主要用于研究系统的热工水力现象，如美国的 LOFT 试验台架、法国的 BETHSY 试验台架等，这些试验台架可用于研究压水堆在稳态运行、操作瞬态和异常瞬态下的系统的参数和实际响应.

分离式热工实验装置主要用于研究局部的热工水力现象，如单相强迫流动压降实验、单相强迫流动传热实验、两相强迫流动压降实验、两相强迫流动传热实验、两相流型实验和临界热流密度实验等，装置中提供所研究的局部实验条件的称为回路.

(2) 以提供回路压力的方式不同作为依据，主要分为开式回路和闭式回路两种.

第一种是开式回路，回路的压力主要由柱塞泵提供，回路循环图如附录图 1 所示. 系统主要由 3 部分组成：主回路系统、循环冷却系统、数据采集系统. 在主回路系统中，从去离子水箱出流的去离子水，通过旁流回路和阀门调节流量之后，经流量计进入预热器，加热后进入实验本体，经换热器或回热器后回到去离子水箱，形成开放式强迫循环流动.

第二种是闭式回路，回路的压力主要由稳压器稳定，回路循环图如附录图 2 所示. 系统主要由 4 部分组成：主回路系统、循环冷却系统、造水系统和数据采集系统. 在主回路系统中，补水系统给主回路补充去离子水后，从屏蔽泵出流的去离子水，通过阀门调节流量后经流量计进入预热器，加热后进入实验本体，实验流体与低温流体在混合器混合后，经换热器回到屏蔽泵入口，形成闭合式强迫循环流动.

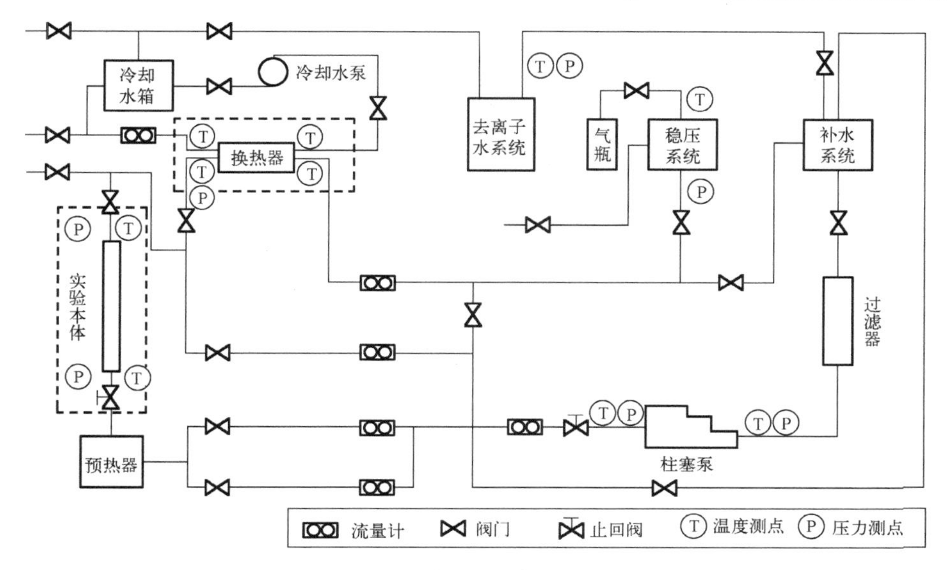

附录图 1　开式回路

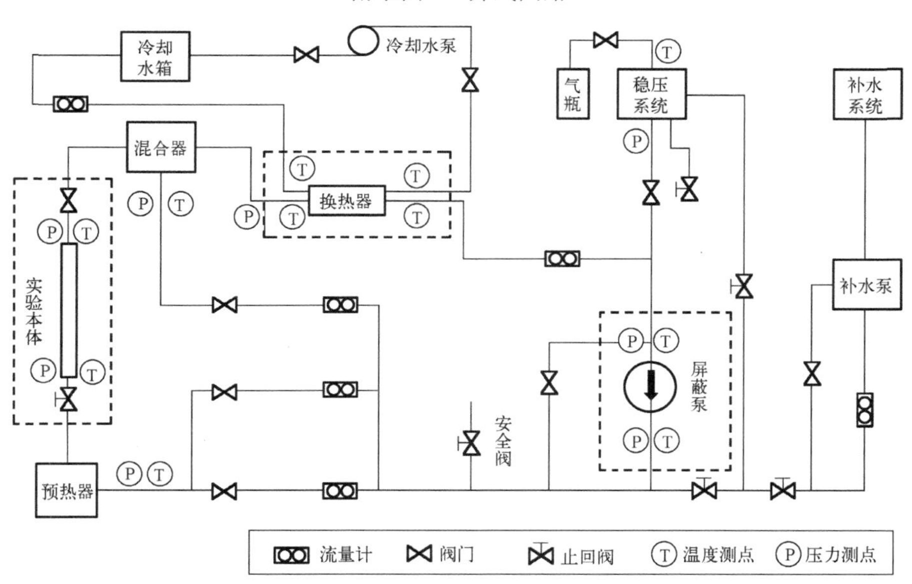

附录图 2　闭式回路

在实验装置中，主回路系统也称一回路系统，一回路是进行实验，并为实验提供条件的系统. 循环冷却系统也称二回路系统，主要用以对一回路进行冷却. 造水系统是闭式回路装置中特有的系统，这是因为在闭式回路中，压力主要依靠稳压器稳定，而在开式回路中，提供压力的则是柱塞泵. 数据采集系统包括仪表和软件两个部分，仪表测量温度、压力、压差和流量并传递到计算机进行采集.